国家骨干高职院校建设项目教材

水信息技术

主　编　刘青娥

副主编　杨　芳　郑冬燕

中国水利水电出版社
www.waterpub.com.cn

内 容 提 要

本书结合水文测验学基本原理与方法，根据水文勘测工岗位任务和职业能力的分析，构建了 8 个学习情景，设立了 8 个技能实训项目，内容涵盖了水文信息采集、数据处理、传输及信息管理的理论及实践指导。学习情境包括：水文站网与测站建设，降雨、水位、流量、蒸发及泥沙信息采集与处理，水文调查与水信息系统。

本书可作为高等职业教育水政水资源专业、水文与水资源工程专业的教材，亦可作为水利类其他专业本科生、研究生的选修教材或参考书，还可供从事水文、水资源、水环境及有关水利工程等方面的技术人员参考。

图书在版编目（CIP）数据

水信息技术 / 刘青娥主编. -- 北京：中国水利水
电出版社，2013.12(2021.7重印)
国家骨干高职院校建设项目教材
ISBN 978-7-5170-1618-2

Ⅰ．①水… Ⅱ．①刘… Ⅲ．①信息技术－应用－水文
学－高等职业教育－教材 Ⅳ．①P33-39

中国版本图书馆CIP数据核字(2013)第318371号

书　　名	国家骨干高职院校建设项目教材 **水信息技术**	
作　　者	主编　刘青娥　副主编　杨芳　郑冬燕	
出版发行	中国水利水电出版社 （北京市海淀区玉渊潭南路1号D座　100038） 网址：www.waterpub.com.cn E-mail：sales@waterpub.com.cn 电话：(010) 68367658（营销中心）	
经　　售	北京科水图书销售中心（零售） 电话：(010) 88383994、63202643、68545874 全国各地新华书店和相关出版物销售网点	
排　　版	中国水利水电出版社微机排版中心	
印　　刷	清淞永业（天津）印刷有限公司	
规　　格	184mm×260mm　16开本　8.75印张　207千字	
版　　次	2013年12月第1版　2021年7月第2次印刷	
印　　数	2001—4000册	
定　　价	**32.00元**	

前言

近代水文观测技术、计算机技术、通信技术等高新技术的应用，使水文信息的采集、处理、传输、发布已走向自动化、现代化的道路。为了适应水文测验工作这一发展的要求，在过去教学一直沿用的《水文测验学》基础上，编写适合高职类水资源专业的《水信息技术》教材，力求在理论上尽量反映国内外水文信息技术的发展水平和趋势，在技能实训方面尽量做到任务细化分解，操作规范可行。

《水信息技术》课程是水政水资源管理专业的职业核心能力课，以培养职业技能为核心，但是并不采用以职业为导向的技能模块课程，而是定位于以工作为导向的工作过程课程。工作过程课程在教学上强调综合情境与项目化单位，采用项目教学及情景教学。项目导向的教学法其理论基础是建构主义以及美国教育家杜威提出的"从做中学"的教学原则。

通过对水文勘测工工作岗位任务和职业能力的分析，与珠江水利科学研究院、珠江水利委员会信息中心、广东省水文局三水水文观测站等企业合作制定课程标准，选取教学内容，确定教学情景，构建学习项目。依托广东水利电力职业技术学院水信息技术综合实训中心提供的模拟工作条件，以降雨、流量、水位、蒸发、泥沙要素的信息采集、传输、分析及应用等职业活动为导向，以真实的校园水文气象监测系统及山洪灾害防治非工程措施建设项目为案例，构建了8个学习情景；基于工作过程把8个学习情景分解为相应的工作任务。将完成工作任务所需的知识、能力、素质目标融入教学内容，并在教学中贯以行业规范、企业标准。做学结合，培养学生基于工作岗位的职业技术技能。每个教学情景均设有理论教学和实践教学两部分。

本书由广东水利电力职业技术学院刘青娥，珠江水利委员会杨芳、郑冬燕、赵旭升、杨跃共同编写。绪论、情景1、2、3、4、5由刘青娥编写，情景6由杨芳编写，情景7由郑冬燕编写，情景8由赵旭升、杨跃编写。全书由刘青娥统稿和修改定稿。本书编写过程中，得到了珠江水利科学研究院、珠江水利委员会信息中心、广东省水文局等部门及广东水利电力职业技术学院有关领导、老师和实验技术人员的大力支持和帮助，在此表示谢意。武汉大学魏文秋教授和张利平教授，三水水文站何兰对本书的编写给予了大力支持，谨表特别感谢。在本书中引用了有关书刊的内容和资料，在此向有关作者致谢。

由于编者水平所限，书中不妥或错误之处，欢迎读者批评指正。

编者

2013 年 10 月

目录

绪　　论

水文学是地球物理科学的一部分，它研究自然界各种水体（大气水、地表水、地下水）的存在、分布、循环、物理化学性质，以及水体对环境的影响和作用，包括对生物特别是人类的影响。按照水体所处的位置和特点的不同，水文学可分为水文气象学、河流水文学、湖泊水文学、海洋水文学（海洋学）、地下水文学等。

水文要素是指构成某一地点在某一时间水文状况的必要因素，包括描述水文现象的各种水文变量。由自然界中各种水体的循环变化所形成的自然现象称为水文现象。例如：降雨、蒸发、下渗、径流等。水文变量主要包括，降雨、水位、流量、蒸发量、下渗量、含沙量、水温、冰凌和水质等。

水文信息技术是水文学的重要组成部分，它是研究如何测定自然界的水循环于陆地过程中各种水文要素变化规律的一门科学，属于测定技术的范畴。有人作出"没有测定技术就没有科学"的评语，不是没有道理的。水文信息技术的前身称为水文测验学。随着测验技术和信息技术的结合与发展，逐渐形成了以水文测验为基础的水文信息技术。

0.1　水文信息技术研究内容

水文信息技术也叫水文要素信息采集与处理技术，是研究各种水文要素信息的测量、计算、数据处理与管理的原理及方法的一门学科。它的任务是：根据国民经济发展的需要，进行水文站网的规划与测站布设；通过定位观测、巡回测验、自动遥测、水文调查等方法，对各种水文要素（如水位、水温、冰凌、流量、泥沙、降雨、蒸发、水质等）进行定量观测和分析；按照行业规范，对测量（采集）的水文信息进行计算、处理；将整编好的水文信息以水文年鉴或电子水文年鉴的形式进行发布；通过水信息系统对水文信息加以管理和应用。

水文信息技术所研究的内容主要有以下几方面。

0.1.1　站网规划理论

站网规划理论包括站网规划和测站布设。为了能收集到大范围内的基本水文资料，为国民经济各部门建设服务，必须科学而经济地规划布设足够数量的水文测站，开展对水文要素的定位观测。这些水文站点构成了"探索区域性水文规律的控制观测体系"，称之为水文站网。合理地规划布设水文站网，是水文测验工作首先要解决的重要问题。

我国水文站网于 1956 年开始统一规划布设，经过多次调整，布局已比较合理，但尚难完全符合客观的水文规律和国民经济不断发展的需要，还必须不断加以调整、补充，使之日趋完整、合理。

进行定位观测的水文站，是在有关河道上经过选择而布设的有关河段。各水文站的地理位置在站网规划时已大致被确定。但是，水文站落实到哪一段河道，尚需经过勘测并根据地形、地貌、河床稳定情况、水流流向以及测站控制原理所要求的条件来选定。

0.1.2　水文测验技术标准的拟定和修订

对上述水文站网所属各水文站，必须拟定统一的观测技术标准（如各种水文要素的测算方法，仪表设备使用的技术规程、观测时制和精度要求等），使之按此标准去搜集资料，所得成果才能起到站网控制观测的作用。否则，各站观测成果精度不一、项目不全、时制不同等等，用这样的资料就难以分析出区域的水文规律，也就失去了布站进行控制观测的作用。

我国在 20 世纪 50 年代就拟定了水文测验规范，并经过 60、70 年代的两次修订，该技术标准对保证我国 20 世纪 50～80 年代的国家基本水文资料的质量起到了重要作用。随着科学技术的发展，国民经济建设对水文资料的要求不断变化，以及国际水文测验技术的交流，原有的技术标准就难以与新形势相适应，将它进行修订、改革是完全必要的。国际间已成立有"国际标准化组织"（简称 ISO）和"世界气象组织"（简称 WMO）都从事水文观测技术标准的研究。我国在 20 世纪 80 年代以后，积极研究和引进有关国际标准，结合我国的实际情况和科学技术发展的要求，不断修订我国的水文测验规范，为发展我国水文测验技术起到了促进作用。

0.1.3　水文信息采集

水文信息采集的项目有：水位、流量、泥沙、降雨、蒸发、冰凌、水温、地下水位以及有关的气象信息等。

水文信息采集有两种情况：一种是对水文事件当时发生情况下实际观测的信息，另一种是对水文事件发生后进行调查所得的信息。

在水文站上定位观测的信息属于对水文事件当时发生情况下实际观测的信息。为此，需要研究观测各种水文要素的适用仪器设备及其使用技术，水文要素的测算原理和施测方法等。搜集原始水文资料的主要目的，在于能用它整编出理想的水文年鉴，以提供给有关部门应用。因此，在日常观测工作中，必须根据水文年鉴整编方案的要求，采取技术措施去获取理想的原始资料。由于水文要素之间的关系或单个水文要素都随着时间和影响因素的变化而变化，若不能测出整个变化过程；则需采用"抽样"测法，以取得代表该变化转折点的资料，来满足进行年度整编所需要的理想资料。为此，除采取上述有关技术措施外，尚需研究所谓"测次"和"施测时机"问题。

由于自然界地理环境的平面变化大和水文现象的随机性强等特点，仅靠站网布局的定位观测，有时难以观测到全面而切实的基本水文资料。以暴雨观测为例，由于暴雨中心的降落位置游移不定，因此雨量站网所布局的雨量站，不一定能观测到每场暴雨的最大暴雨量，特别在缺乏雨量站网的历史时期，漏测最大暴雨量的情况就更为严重。但暴雨资料非常宝贵，这就需要辅以水文调查的办法，去取得资料，以弥补定位观测的不足。暴雨观测如此，其他水文要素的观测亦同样需要开展相应的水文调查工作。水文调查是对水文事件发生后进行调查，以获取水文信息。

0.1.4　水文信息数据处理

各种水文测站采集的水文信息原始数据，都要按科学的方法和统一的格式整理、分析、统计、提炼成为系统、完整且有一定精度的水文信息资料，供有关国民经济部门应用。这个水文信息数据的加工、处理过程，称为水文信息数据处理。

水文信息数据处理的工作内容包括：收集校核原始数据，编制实测成果表，确定关系曲线，推求逐时、逐日值，编制逐日表及水文信息要素摘录表，进行合理性检查，编制整编说明书。

0.1.5　水文信息的传输与管理

布置在流域（区域）上的雨量站、水位站和水文站，采集了大量的水文信息资料，如何将这些信息迅速、实时地传输到流域（区域）或全国的水文信息中心，又如何将这些信息供给有关部门应用，这就涉及水文信息的传输和管理。目前，水文部门采用了多种通信手段（有线与无线的，微波与卫星通信等）进行水文信息的传输，研制了不同功能的信息管理系统对水文信息进行管理，并正在形成全国、流域和省（市、区）计算机网络中心，统一进行水文信息传输、交换和管理。

0.2　水文信息技术发展简史

回顾历史，水文信息技术的发展主要经历了萌芽、奠基、应用水文及现代水文四个阶段。

0.2.1　萌芽时期（远古至1400年）

人们开始进行原始的水文观测，积累原始的水文知识，标志着水信息技术开始萌芽。我国水文信息技术有着悠久的历史。早在4200多年以前的夏禹治水，是观察了河流的水文变化情势，认识到"顺水之性"，采用了疏导之策取得成功。公元前3世纪的《吕氏春秋·圜道》中准确而朴素地对水文循环的定性描述，与后世的定量证明完全相符，为后来许多史学家推崇备至。公元前3世纪，李冰父子在四川修建的都江堰水利工程，设置了3个石人水则，分别观测内江、外江和渠首的水位，并巧妙地利用当地地形，合理解决了分洪、排沙和灌溉、航运等水文问题。

0.2.2　奠基时期（1400—1900年）

近代水文仪器的发明使水文观测进入了科学定量观测阶段。1663年，C. 雷恩发明了翻斗式自记雨量计；1687年，E. 哈雷发明了水面蒸发器；1790年，E. 沃尔特曼发明了流速仪；1870年，T. G. 埃利斯发明了旋桨式流速仪；1882年，W. G. 普赖斯发明了旋杯式流速仪。

随着观测技术的改进，这一时期近代水文科学理论开始逐步形成。1762年，意大利

P. 弗里西著《河流水文测验方法》。19 世纪末，一些国家开始出版年鉴。

0.2.3　应用水文学时期（1900—1950 年）

进入 20 世纪，在观测方法、理论体系及研究领域（实用方面）都取得了新成就。

我国现代水文测验工作始于 19 世纪中叶。帝国主义为控制我国沿海和内河航运，于 1865 年在汉口等地设站观测水位和雨量；并在之前的 1841 年在北京开始了雨量观测；始建于 1910 年的海河小孙庄水文站最先采用浮标法测流；最早使用流速仪测流的测站是 1915 年设站的淮河蚌埠水文站；1919 年在黄河设站观测水位、流量和含沙量。

0.2.4　现代水文学时期（1950 年至今）

在中华人民共和国成立以前，我国水文站网缺乏统一规划，设备落后，至 1949 年全国各种水文站点仅 2600 处（未包括台湾省的数字，下同），其中水文站仅 148 处，且分布很不合理，资料残缺不全，未经整编，无法使用。

中华人民共和国成立后，随着国家建设的发展，水文测验工作有了很大的进步和提高，全国已建立起较为完整和科学的站网体系。据不完全统计，全国现有基本水文站 3040 处，水位站 1093 处，雨量站 14190 处，水质站 2572 处，实验站 60 处，观测蒸发的 1500 处，测冰凌的 1100 处。同时，水文测验规范也在不断充实和完善。在 1955 年制定的《水文测站暂行规范》基础上，经过几次修订，统一了全国水文测验技术标准，推动了水文测验技术的不断发展。测验仪器设备不断更新改造，测验技术和方法明显提高。目前，水位或雨量自记站、水文测流缆道已占较大比例，长期水位或雨量自记、水位或雨量遥测、超声波测流、同位素测沙、光电测沙测流等新技术相继问世。我国从 20 世纪 80 年代初始建的水文自动测报系统和卫星数据采集与传输系统已有了很大发展，在大江大河的重点河段和 150 座大中型水库库区相继建立了 180 个水文自动测报系统，遥测站 1800 个；在四川渔子溪和大宁河两个流域进行了无人值守水文站和利用日本 GMS 卫星传输水文信息的试点工作；规划设计了用我国"风云 2 号"卫星采集和传输水文信息的方案；已建立了以水利微波干线组成的全国水文无线电通信网，水利卫星通信也在试点建设，各流域机构已配备了 Inmarsat（海事卫星）移动站。过去，我国水文测验资料都是以《水文年鉴》的形式刊印并发布，截至 1985 年，已刊印和发布年鉴 2200 册；1988 年后，全国各流域和省（市、区）水文机构都已配备了计算机，通用整编程序已鉴定并推广应用，全国分布式水文数据库正在逐步建设和完善，与观测手段相衔接，将形成完整的全国水文信息系统。现在，水文信息技术正朝着采集自动化、传输网络化、计算科学化、整编规范化的方向发展。

0.3　本课程的主要任务及学习方法

《水文信息技术》课程是高职高专类水政水资源管理专业的职业核心能力课，目标是为学生进行水文要素观测、数据信息分析及管理等专业活动，提供必备的专业知识和技能。学习完本课程的学生通过短期培训可申请《水文勘测初级工技能鉴定》考试。

虽然该课程以培养职业技能为核心，但是并不采用以职业为导向的技能模块课程，而是定位于以工作为导向的工作过程课程。工作过程课程在教学上强调综合情境与项目化单位，采用项目教学及情景教学。项目导向的教学法其理论基础是建构主义以及美国教育家杜威提出的"从做中学"的教学原则。

通过对水文勘测工工作岗位任务和职业能力的分析，与珠江水利委员会珠江水利科学研究院、广东省三水水文观测站等企业合作制定课程标准，选取教学内容，确定教学情景，构建学习项目。依托广东水利电力职业技术学院水文信息技术综合实训中心提供的模拟工作条件，以降雨、流量、水位、蒸发、泥沙要素的信息采集、传输、分析及应用等职业活动为导向，以真实的校园水文气象监测系统及山洪灾害防治非工程措施建设项目为案例，构建了八个学习情景；基于工作过程把八个学习情景分解为相应的工作任务。将完成工作任务所需的知识、能力、素质目标融入教学内容，并在教学中贯以行业规范，做学结合，培养学生基于工作岗位的职业技术技能。

每个学习情景均设有理论教学和实践教学两部分。学生必须同时完成理论知识点学习和实践项目操作两方面的教学任务。课程内容与学时分配见表0-1所列。

表0-1　本课程教学内容与学时分配

序号	学 习 情 景	知 识 要 求	参考课时
0	绪论	1. 掌握水文信息技术研究内容 2. 了解水文信息技术发展简史 3. 了解本课程教学内容及学时分配	2
1	水文站网与测站建设	1. 了解水文测站类型 2. 了解水文测站日常工作 3. 熟悉水文观测方法	4
2	降雨信息采集与处理	1. 了解降雨基本概念 2. 掌握降雨观测方法 3. 掌握降雨观测仪器及原理 4. 掌握降雨数据整理分析	16
3	水位信息采集与处理	1. 了解水位观测方法 2. 掌握水位观测仪器及原理 3. 掌握水位数据整理分析	4
4	流量信息采集与处理	1. 了解流量基本概念 2. 掌握流量观测方法 3. 掌握流量观测仪器及原理 4. 掌握流量数据整理分析	8
5	蒸发信息采集与处理	1. 了解蒸发观测方法 2. 了解蒸发观测仪器及原理 3. 掌握蒸发数据整理分析	4
6	泥沙信息采集与处理	1. 了解泥沙观测方法 2. 了解泥沙观测仪器及原理 3. 掌握泥沙数据整理分析	4

续表

序号	学　习　情　景	知　识　要　求	参考课时
7	水文调查	1. 了解水文调查内容 2. 了解水文调查方法	4
8	水信息系统	1. 了解水文信息系统构成原理 2. 了解校园水文信息监测系统 3. 了解山洪灾害防治预警系统	8
合　计			54

情景 1 水文站网与测站建设

水文工作是国民经济建设和环境保护的一项前期工作和基础工作，以水文信息的采集、处理、传输和发布为主要任务。在流域内一定地点（或断面）按照统一标准对所需要的水文要素作系统观测以获取信息并处理为即时观测信息，这些指定的水文观测地点称为水文测站。水文测站在地理上的分布网称为水文站网。广义的站网是指测站及其管理机构所组成的信息采集与处理体系。

1.1 水 文 站 网 规 划

水文测站设立的数目与当时当地的经济发展情况有关，如何以最少站数来控制广大地区水文要素的变化，与水文站布设位置是否恰当有着密切关系。研究水文站在地区上分布的科学性、合理性、最优化等问题，就是水文站网规划的任务，其目标应当是以最小的代价、最高的效率，使水文站网具有最佳的整体功能。所以，水文站网的规划是研究水文工作战略布局的学科，是水文科学中最为复杂的领域之一，其内容与方法，涉及水文科学的各个方面，并与社会经济问题密切相关。

为制定一个地区（或流域）水文测站总体布局而进行的水文站网规划，其基本内容有：进行水文分区；确定站网密度；选定布站位置；拟定设站年限，各类站网的协调配套；编制经费预算，制定实施方案。水文站网规划的主要原则是根据需要和可能，着眼于依靠站网的结构，发挥站网的整体功能，提高站网产生的社会效益和经济效益。

1.1.1 水文站网的分类

水文站网的分类，按测验项目可分为水位站网、流量站网、雨量站网、蒸发站网、泥沙站网、水质站网以及实验站网等；按管理体制和经办单位可分为国家站网、群众站网；按测站性质可分为基本站网和专用站网。

基本站网是综合国民经济各方面需要，由国家统一规划而建立的。这种站网依靠长期站和短期站观测所提供的信息样本，可以实现对水文情势在时间上和空间上的全面控制，满足国民经济建设对水文信息的需求。基本站的工作应根据国家颁布的水文测验技术规程进行观测、测验，获取的信息必须整编刊印或以其他方式长期存储。

基本站按其性质和任务的不同，可分为控制站、区域代表站、小河站和实验站。按各站测验精度的不同，又可分为三类，即Ⅰ、Ⅱ、Ⅲ类精度站。控制站是为探索水文特征值及其沿河长的变化规律和满足防汛需要而在大江大河上布设的水文站。区域代表站是为探索中等河流水文特征地区规律而在有代表性的中等河流上布设的水文站，用以解决中等河流水文信息在地区上的移用问题。小河站是为探索各种下垫面条件下小河径流变化规律而在有代表性的小河上布设的水文站，并可解决小河水文信息在地区上的移用问题。实验站是为对某种水文现象的变化过程或某些水体进行全面深入的实验研究而设立的一个或一组水文测站，如径流实验站、湖泊水库实验站等。在国外，还有实验流域和水文基准站。前者是研究一个天然流域经过不同程度不同措施的人工治理后对水循环的影响；后者是研究在自然情况下水循环各因素长期变化的趋势。

基本站的精度等级与所在测站的水流特性、测验方法和精度控制指标有关。

专用站网是为某项工程或某专门目的而设立的，其观测项目、要求及测站的撤销与转移，可由该部门自行规定。

基本站网与专用站网相辅相成。专用站在面上是基本站的补充，而基本站在时间系列上辅助专用站。

基本站网建立后，其站址变动应慎重考虑，但不是一成不变的，而是应当根据经济发展的需要和测站的实际作用不断加以补充和调整，以满足经济建设和科学研究对水文信息的需要。

1.1.2 基本水文站网布设原则

基本水文站网布设的总原则是以最经济、最合理的测站数，采集流域中各种水文信息，经过整理分析后，达到可以满足内插流域中任何地点水文要素特征值的需要。

基本水文站网中，流量站网是最重要的站网，也是各种站网的基础。因此，重点介绍流量站网，并简要地介绍水位站网、泥沙站网。

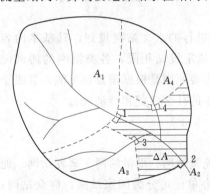

图 1-1 线的布设原则示意图

1. 基本流量站网布设的原则

（1）线的原则。

适用于流域面积超过 5000km² 的大河（南方河流大于 3000km² 可作为大河）干流。沿河相邻站址距离要满足径流特征值沿河长插补的精度要求，并满足沿河长进行水文情报预报的要求。

由于实测流量均含有误差，因此，上、下游相邻站之间应有适当间距。其所增加的区间径流量，不小于上游测站径流量的 10%～15%。如图 1-1 所示，R_1、R_2、R_3、R_4 及 A_1、A_2、A_3、A_4 分别代表 1、2、3、4 站的径流量及其所控制的集水面积。则

$$\frac{R_2 - (R_1 + R_3 + R_4)}{R_1 + R_3 + R_4} > (10\% \sim 15\%) \tag{1-1}$$

如果流域产流比较均匀，自然地理条件比较一致，可用流域面积来代替区间径流量进行估算：

$$\frac{A_2 - (A_1 + A_3 + A_4)}{A_1 + A_3 + A_4} > (10\% \sim 15\%) \tag{1-2}$$

规划时应从河流上游开始。布设测站时，按上游稀下游密的原则进行。在河流水量最大的地方或沿河长水量有显著变化处应设站。预计将修建水利工程的地段，一般应布站观

测。例如河流下游在入汇口之前的水量最大处，应布设测站。

(2) 区域原则。

根据气候、下垫面等自然地理因素或年降水与径流关系以及流域模型的产、汇流参数等因素综合考虑进行水文分区，在水文分区内选择代表性较好的流域布设测站，这就是区域原则。适用于流域面积为 $200\sim5000km^2$（南方河流可为 $200\sim3000km^2$）的中、小流域。这些测站的资料，可以用来进行相似河流的水文计算或移用到下垫面条件相似的无资料地区。

在进行具体分区时，要根据各地实际情况而定。以下一些地点，是较好的水文区界：高的分水岭，对潮湿空气起阻碍作用，使迎风面与背风面的降水发生明显变化；地形转折点，如平原、丘陵、山区的分界处；植被条件变化界，如林区、草原区、农业区等分界处；地质条件显著变化界及较大面积的湖泊区、沼泽区的区界等。

(3) 分类原则。

适用于流域面积小于 $200km^2$ 的小河。这类河流数目不少，用区域原则布站不经济。虽然这类小河流域特性差异较大，但小流域的植被、土壤、地质等因素比较单一，占主导地位的某单项因素，可较灵敏地直接影响径流的形成和变化。流域越小，单项因素的影响越显著。因此，应按下垫面分类原则来布站，即按自然地理条件如湿润地区、沙漠、黄土高原等划分大区；按植被、土壤、地质等下垫面因素进行分类；同一类型按流域面积大小分级，并考虑流域坡度、形状等因素进行布站。布站的数量，以能妥善确定产、汇流参数的要求为准。据此布设的小河站所收集的资料，可移用到无水文资料的相似小河上。

此外，在站网规划时，还应考虑国民经济开发远景，水源开发价值及设站历史较长测站的处理等。布站时的一般原则是：边远地区、暂不开发地区的站网密度可稀些；洪水组成复杂地区可密些；尽可能保留历史较长的站，以利于资料系列的延长。布站时还应注意雨量站与流量站的配合。

2. 基本水位站网布设原则

在河流的中、上游，除因所布流量站的站距太长，需增设水位站外，一般不布设基本水文站。但在堤防段、潮水河段、水网地区及水库湖泊地区，由于不需要或不宜布设流量站，为掌握水情的变化，需要规划布设基本水位站。

河流上布设基本水位站的地点有：拟建而尚未建立基本流量站，设水位站作为过渡性测站的地区；大支流入汇后的干流上；经常发生洪水的、众多支流入汇后的干流上，堤防段和重要工矿、城镇需要进行洪水预报的地区，有大量泉水或地下水补给河段的下游；河流纵比降有明显转折处及较大水上建筑物的上、下游。

3. 基本泥沙站网布设原则

河水挟带的泥沙主要来自两岸地表，其含沙量的多少与流域土质、坡度、植被等有密切关系，在布设泥沙站网时，必须充分考虑流域的产沙特性及规律。

对于年平均含沙量在 $0.05\sim0.1kg/m^3$ 以上的河流，可考虑布设基本泥沙站，并结合流量站网布设。为了满足绘制侵蚀模数等值线图的要求，基本泥沙站在流域上宜均匀分布，但沙量大的地区可密些，沙量小的地区可稀些。对已建、拟建水库或灌区引水口上游的基本流量站，应考虑布设基本泥沙站。

水质监测站的布设，应以监测目标、人类活动对水环境的影响程度和经济条件这三个因素作为考虑的基础。

1.1.3　水文站网的调整

由于大规模的人类活动影响改变了天然河流的产流、汇流、蓄水及来水量等条件，水文站网应进行适当的调整和补充。近十多年来的大量研究提出了一些调整的方法和途径。

1. 水库站作区域代表站

对一些库形条件好，库面整齐，库水位具有代表性的水库站，在改善观测部署和提高测验精度的条件下，能使水库观测资料通过某种途径和方法，转化为天然河道情况下的径流资料时，可将这种水库站作为区域代表站。

2. 大型水库建成后的站网布设

可按坝址上、下游分别考虑布站。在坝址以上为满足水库管理运用、改进规划设计的要求，布设入库站及其他水文站；在坝址下游布设出库站及其他专题研究站。

3. 平原水网区水文站网的布设

按水量平衡原则，将整个水网区用测验、巡测封闭线分成若干小区。在测验、巡测线上流量变化较大，反应灵敏，有代表性处建立基本站，长期驻测；在线上其他进出口上设立巡测站，按变化情况分级测验，再与基本站建立相关关系，以推算流量。

4. 对上游受水利工程影响较大的区域代表站与控制站的站网调整

根据上游工程建设实际情况，按产生影响程度的大小增设专用站及巡测站，并配合开展定期水文调查，取得径流还原资料。

1.1.4　站网布设中存在的问题

我国水文站网于 1956 年开始统一规划布站，经过多次调整，布局已比较合理，取得了显著成绩，对国民经济发展起着积极作用。但随着我国水利水电发展的情况，大规模人类活动的影响，不断改变着天然河流产汇流、蓄水及来水量等条件，致使现有的水文站网布设中，还存在一些问题有待解决。

1. 优化站网布设的研究

优化站网布设是指在站网布设中，使不同职能的基本站点，不论在数量、空间分布、相互搭配上，还是在观测时限、观测手段和信息传递上，都能以最小的代价、最高的效率，搜集质量合格的水文信息。按我国站网的现状和经济发展水平，在今后较长时期内仍需增站。因此，及早研究优化站网途径，以减少增站的盲目性是很重要的。

2. 基本站网不足，密度较低

我国水文站网密度仅为 3.5 站/万 km²，而世界的均值为 4.0 站/万 km²。世界气象组织建议的容许最稀站网密度，在平原地区为 1000～2500km²/站，山区为 300～1000km²/站。我国尚未达到这个要求，而且站点分布很不均匀，特别是西部地区，每 1 万 km² 站数不足 1 个，不能满足生产的需要。

3. 大规模人类活动对站网的影响

近年来，随着大规模水利建设的发展，受水利工程影响较大地区的站网如何进行调整、补充，已取得的信息如何还原为天然情况下同步系列的问题，虽已取得一定的进展，但仍需进一步进行研究。

此外，实行站队结合后，站网的调整问题有待于研究。各种站网的配套和协调等问题，也应予以重视。

1.2 水文测站分类

根据测站的性质和作用，水文测站可分为基本站、实验站、专用站和辅助站。

（1）基本站：是为综合需要的公用目的，经统一规划而设立的水文测站。基本站应保持相对稳定，在规定时期内连续不断进行观测，收集的资料应刊入水文年鉴或存入数据库。

（2）实验站：是为了对某种水文现象的变化规律或对某些水体做深入研究而设立的，如径流实验站、湖泊（或水库）实验站等。实验站也可兼作基本站。

（3）专用站：是为某种专门目的或某项特定工程的需要而设立的，如水情报汛站。

（4）辅助站：是为了帮助某些基本站正确控制水文情势变化而设立的一个或一组站点。辅助站是基本站的补充，弥补基本站观测资料的不足。计算站网密度时，不参与统计。

按观测项目，水文测站又可分为水文站、水位站、雨量站、蒸发站等。

（1）水文站：是设置在河流、渠道上和湖泊、水库进出口以测定流量和水位为主的水文测站。根据需要还可以测定降水、蒸发、泥沙、水质等有关项目。

（2）水位站：是观测水位为主，可兼测降水量的水文测站。

（3）雨量站：又称降水量站，是观测降水量的水文测站。

（4）蒸发站：是观测蒸发量的水文测站。

1.3 水文测站的建站

水文测站的建站主要包括选择测验河段，布设观测断面，布设基线及编制测站考证簿四个方面的工作。

1.3.1 测验河段选择

水文测验河段应设立保护标志。在通航河道测流，应根据需要设立安全标志。严重漫滩的河流，可在滩地固定垂线上设标志杆，其顶部应高出历年最高洪水位以上。

测验河段主要是为观测水位和流量这两个因素而设立的。选择测验河段不仅考虑当时河流情况，而且要调查研究在稀遇高水和枯水时期，都能测得水位和流量等项资料。选择的原则必须满足设站的目的要求，保证测验资料的精度，符合观测方便和测验资料计算整理简便的要求。

测验河段宜顺直、稳定、水流集中，无分流、岔流、斜流、回流、死水等现象。顺直长度一般不应少于洪水主槽宽度的 3～5 倍；宜避开有较大支流汇入或湖泊水库等大水体产生水流紊动的影响。具体要求如下：

（1）在平原河流上，要求河段顺直匀整，全河段应有大体一致的河宽、水深和比降。单式河槽河床上无丛生的水草，当必须在游荡性河段设站时，宜避免选在河岸易崩塌和变动沙洲附近等处。

（2）在潮汐河流上，宜选择河面较窄，通视条件好，横断面较单一，受风浪影响较小的河段，有条件的测站可利用工作桥梁、堰闸布置测验。

（3）水库、湖泊出口站或堰闸站的测验河段应选在建筑物的下游，避开水流大的波动和异常紊动的影响。

1.3.2　测验横断面布设

断面指垂直于水流方向的河渠横断面。根据不同的用途分为：基本水尺断面、流速仪测流断面、浮标测流断面、比降水尺断面等，断面布设及位置如图 1-2 所示。

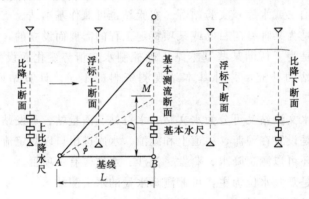

图 1-2　测验河段横断面布设示意图

1．基本水尺断面

设置基本水尺断面，一般应在测验河段的中央，大致应垂直于流向。在该断面观测的水位，应能较好地代表该河段的水位。

2．流速仪断面

流速仪测流断面应尽可能与基本水尺断面重合，以便简化测验与整编工作，有困难时可分别设置，但应尽量减小两断面间的距离，中间不能有支流汇入和分出。测流断面应垂直于断面平均流向。

3．浮标测流断面

浮标测流中断面应尽可能与流速仪断面、基本水尺断面重合，在中断面的上、下游相等距离处布设上、下浮标断面。为减少浮标测速中计时的相对误差，上、下断面间距应有适当长度，一般是断面最大平均流速的 50～80 倍，条件困难的可缩短为 20 倍。

4．比降断面

比降上、下断面应布设在基本水尺断面的上、下游，测流断面在比降上、下断面的中间，以便推算河床糙率。比降上、下断面的间距，应使水面落差要远大于落差观测误差。

1.3.3　基线布设

基线是用来测算垂线及浮标在断面线上的位置而在岸上设置的线段。基线的布设应满足测算工作简便和测算起点距的精度。最好是垂直于断面线，起点距在断面的起点桩上，且有足够的长度。

基线的长度及丈量误差，都直接影响断面测量精度，间接影响到流沙率、输沙率测验的精度。基线长度视河宽 B 而定，一般应为 $0.6B$ 以上。在受地形限制的情况下，基线长度最短也应为 $0.3B$。基线的丈量误差不得大于 $1/1000$。

1.3.4　测站考证簿的编制

各类水文站必须在建站初期编制测站考证簿，认真考证，详细填写，以后若有变动，应在当年对变动部分及时补充修订，内容变动较多的站，应隔一定年份重新全面修订一次，主要内容有：

（1）测站位置。

（2）测站沿革。

（3）流域概况及自然地理情况。

（4）测验河段及其附近河流形势。

（5）基本水尺断面、比降水尺断面和测流断面布设与变动情况。

（6）基线、引据水准点、基本水准点、校核水准点和水尺零点高程及其变动情况。

（7）测验设施布设与变动情况。

（8）观测项目及其变动情况。

（9）水位观测、流量测验的时制及水位、流量等历年最大、最小特征值。

（10）测验河段及其附近河流形势与测站位置图、测站地形图、大断面图、测验设施布置设图，水文站以上（区间）主要水利工程基本情况及分布图。

1.4　水文测站的日常工作内容

水文测站的日常工作概括地讲主要包括四方面：①根据测站的性质类型和任务，对要观测的水文要素按要求进行定时观测，以获取实测水文资料；②对实测水文资料按统一的方法和格式进行计算和整理；③根据上级要求，及时上报有关实测水情资料；④进行水文调查，以弥补实测资料的不足。

1.5　水文信息收集的基本途径

随着科学技术的进步和国民经济的发展，水文信息的采集工作也是不断前进的。目前，按信息采集工作方式的不同，采集水文信息的基本途径可分为驻测、巡测、间测、自动测报和水文调查。

1.5.1　驻测

所谓驻测，就是水文观测人员常驻河流或流域内的固定观测站点上，对流量、水位、降水量等水文要素所进行的观测。根据实际需要，驻测可分为常年驻测、汛期驻测或某规定时期驻测。

驻测是我国过去收集水文信息的最基本方式，所收集的大量水文信息，在国民经济建设中发挥了巨大的作用。但存在着用人多，站点不足，效益低等缺点。因此，为了提高水文信息采集的社会效益和经济效益，经过 20 多年的生产实践，改变单一驻测的方式而采取驻测、巡测、间测和水文调查相结合的方式收集水文信息，以便更好地满足国民经济发展的要求。

1.5.2　巡测

巡测是水文观测人员以巡回流动的方式定期或不定期地对一个地区或流域内的各观测站点进行流量等水文要素的观测。目前，开展巡测的主要项目是流量观测。巡测可以是区域性巡测、沿线路巡测、常年巡测或季节性巡测，可根据实际需要确定。

巡测是解决测站无人值守问题的重要手段。无人值守测站，根据信息传输方式的不同可分为遥测及非遥测两种。非遥测站是定期派人到测站取回信息，检查维修仪器设备，定期或不定期地进行巡测，所获得的信息是滞时信息；遥测站是利用现代化的采集和通信手段施测和传送信息，并可以经常监视测站仪器的运转情况，所获得的信息是实时信息。

1.5.3　间测

间测是中小河流水文站有 10 年以上资料，分析证明其历年水位—流量关系稳定，或其变化在允许误差范围内，对其中一要素（如流量）停测一时期再施测的测停相间的测验方式。停测期间，其值由另一要素（水位）的实测值来推算。

1.5.4　自动测报系统

随着电子计算机技术、通信技术及传感器的发展，在国内已建成不同形式的水文自动测报系统。该系统通常由传感器、编码器、传输系统和资料接收设备等部分组成。遥测站的传感器将感应的水文变量（如水位、雨量等）转换成电讯号，经过编码、调制、发射，直接或通过中继站、卫星将信息传送到资料接收中心，经解调、译码、鉴别，还原水文变量，并对搜集到的数据及时地进行适当处理。自动测报系统具有效率高、速度快、节省人力的特点，可以实时地获取水文信息，有效地提高预报精度和增长预见期，对防洪、工程管理和水利调度发挥巨大作用。

1.5.5　水文调查

水文调查是为弥补水文基本站网定位观测的不足或其他特定目的，采用勘测、调查、考证等手段而进行的收集水文及有关信息的工作。因此，水文调查是水文信息采集的重要组成部分，它受时间、地点的限制较小，可在事后补测，并能有效地收集了解基本站集水面积上所要求的水文信息，有较大的灵活性。

　　根据调查的内容和目的的不同，水文调查可分为四类，即以系统掌握流域基本情况建立调查档案为目的而进行的流域基本情况调查；以解决受人类活动影响的水文资料的还原计算或水量平衡计算为目的的水量调查；以完整地收集各站水文特征值资料为目的而进行的暴雨、洪水及枯水调查；为专门目的需要而进行的专项水文调查，如泥沙、泉水、冰凌、岩溶、水质污染及其他特殊水情的调查。

　　水文调查工作的开展，能使收集到的信息更加配套、完整，从而更好地满足水文科学研究，水文水资源开发利用，水利水电建设以及其他国民经济建设的需要。

情景 2 降雨信息采集与处理

凡是从大气中降至地面的水分，无论是液体水滴的雨，还是固体晶粒的雪、雹等形式统称为大气降水。降水是十分重要的气象因素，是地表水和地下水的来源，是形成径流、洪水等水文现象的基本条件，它与人民的生活、生产建设的关系极为密切。开展降水信息采集与处理工作，就是要系统地采集降水量观测信息，并按照统一的标准和方法整理资料，探索降水在时间和空间上的分布规律，以满足工农业生产和国家建设的需要。

2.1 降雨量表示方法

一个雨量观测站承雨器（口径为 20cm）所在地点的降雨量称为点雨量。点降雨的特征可用降雨量、降雨历时和降雨强度（简称雨强）等特征量以及雨量、雨强在时间上的变化来反映。其中，降雨量、降雨历时和降雨强度常被称为降雨三要素。

2.1.1 降雨量

降雨量是指一定时间段内降落在单位水平面积上的雨水深度，单位用毫米（mm）表示。在标明降雨量时一定要指明时段，常用的降雨时段有分、时、日、月、年等，相应的雨量称为时段雨量、日雨量、月雨量、年雨量等。

2.1.2 降雨历时

降雨历时是指一场降雨从开始到结束所经历的时间，常以小时（h）为单位。与降雨历时相应的还有降雨时段，它是人为规定的。对于某一场降雨而言，为了比较各地的降雨量大小，可以人为指定某一时段降雨量作为标准，如最大 1h 降雨量、最大 6h 降雨量、最大 24h 降雨量等。这里的 1h、6h、24h 即为降雨时段。

2.1.3 降雨强度

降雨强度是指单位时间内的降雨量，单位以毫米/小时（mm/h）或毫米/分钟（mm/min）表示。

2.1.4 降雨量过程线

降雨量过程线表示降雨量随时间变化的特征，常以降雨量柱状图和降雨量累积曲线表示，如图 2-1 所示。

雨量柱状图（或称雨量直方图），是以时段雨量为纵坐标，时段次序为横坐标绘制而成的，时段可根据需要选择分、时、日、月、年等。它显示降雨量随时间的变化特征。雨量累积曲线是以逐时段累积雨量为纵坐标，以时间为横坐标而绘制的。它不仅可以反映降雨量在时间上的变化，而且还可以反映时段平均雨强随时间的变化。

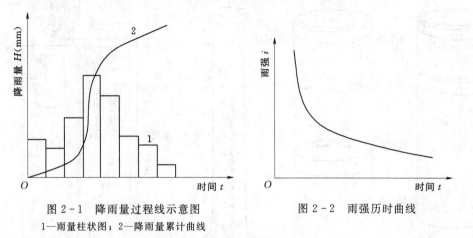

图 2-1　降雨量过程线示意图

1—雨量柱状图；2—降雨量累计曲线

图 2-2　雨强历时曲线

2.1.5　雨强历时曲线

记录一场降雨过程，选择不同历时，统计不同历时内的最大平均降雨强度，并以平均雨强为纵坐标，以历时为横坐标点绘曲线，即为雨强历时曲线，如图 2-2 所示。

2.2　降雨量观测方法

降水量可采用器测法、雷达探测和利用气象卫星云图估算。器测法用来测量降水量，雷达探测和卫星云图一般用来预报降水量。

2.2.1　器测法

降水量观测仪器由传感、测量控制、显示与记录、数据传输和数据处理等部分组成。各种类型的降水量观测仪器，可根据需要，选取上述组成单元，组成具备一定功能的降水量观测仪器。

降水量观测仪器按传感原理分类，常用的可分为直接计量（雨量器）、液柱测量（主要为虹吸式，少数是浮子式）、翻斗测量（单翻斗与多翻斗）等传统仪器，还有采用新技术的光学雨量计和雷达雨量计等。

1. 雨量传感器

（1）雨量器。

雨量器由承雨器、漏斗、储水筒、储水器和器盖等组成，并配有专用量雨杯，如图 2-3 所示。承雨器口径为 20cm，安装时器口一般距地面 70cm，筒口保持水平。雨量器下部放储水瓶收集雨水。观测时将雨量器里的储水瓶迅速取出，换上空的储水瓶，然后用特制的雨量杯测定储水瓶中收集的雨水，分辨率为 0.1mm。

用于观测固态降水的雨量器，配有无漏斗的承雪器，或采用漏斗能与承雨器分开的雨量器。当降雪时，仅用外筒作为承雪器具，待雪融化后计算降水量。

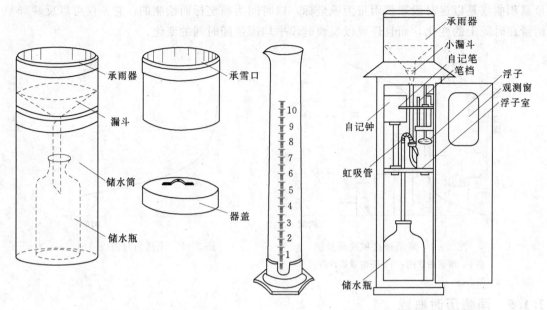

图 2-3　雨量器示意图　　　　　　图 2-4　虹吸式自记雨量计构造示意图

（2）虹吸式雨量计。

虹吸式雨量计利用虹吸原理测量雨量，主要由承雨器、浮子室、虹吸管、自记钟、记录笔、外壳等组成，其构造如图 2-4 所示。承雨器将承接的雨量导入浮子室，浮子随着注入雨水的增加而上升，并带动自记笔在附有时钟的转筒上的记录纸上画出曲线。当降水量累计达 10mm 时，雨量计会虹吸排水一次。

（3）浮子式雨量计。

采用浮子累积式传感器，机械传动，图形记录或电量输出，用固态存储器采集降水量数据，记录和采集数据的分辨力为 0.5mm 或 1mm。仪器外壳分为上、下两部分，上外壳内包括承雨器、承雨漏斗等；下外壳内包括进水玻璃管，浮子室、浮子。记录器部分由走纸机构、记录机构等组成，置于下外壳顶部，由上外壳罩住即组成整机，如图 2-5 所示。

（4）翻斗式雨量计。

利用翻斗称重原理对液态降水量进行连续测量。通过翻斗翻转，输出接点通断信号，远传至显示记录器，数字显示降水量，同步图形记录或雨量数据固态存储。分辨力为 0.1mm、0.2 mm、0.5 mm、1.0mm，并分为单翻斗和双翻斗型。传感器部分由承雨器、翻斗、发讯部件、底座、外壳等组成。双翻斗式传感器结构如图 2-6 所示。

翻斗式雨量计记录方式可分为划线模拟记录和固态存储记录。

划线模拟记录器由图形记录装置、计数器、电子控制线路等组成。划线模拟记录一般采用图形记录，图形记录值与数字显示值之差应不大于 1 个仪器分辨力。

固态存储记录器由输入输出接口、CPU、时钟、固态存储器等组成。固态存储器的时间分辨力可分为 1min、5min，降水量记录应与观测仪器的分辨力一致；存储媒介采用非易失性半导体存储器，例如，并行 FLASH ROM（闪烁存储器）、串行 BBPROM（电可擦除存储器）等器件，若采用静态 SRAM（随机存储器）作为存储媒介，应有可靠的保护措施，以防数据丢失。固态存储记录值与数字显示值应完全一致。

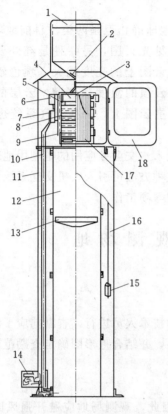

图 2-5 浮子式长期自记雨量计
1—承雨器；2—防虫网；3—记录笔；4—时速筒；5—三角孔带；
6—石英钟；7—电池盒；8—储纸筒；9—收纸筒；10—进水
玻璃管；11—观察窗；12—浮子室；13—浮筒；14—放水
开关；15—平衡锤；16—外壳；17—记录纸；18—门

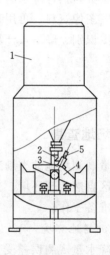

图 2-6 翻斗式自记
雨量计示意图
1—承雨器；2—浮球；
3—小钩；4—翻斗；
5—舌簧管

2. 记录周期

按记录周期分，自记雨量计有日记、周记、月记、年记和长期自记之分。

日记型自记雨量计靠人工更换记录纸，适用于驻守观测液态降水量，常采用虹吸式雨量计或翻斗式雨量计两种。长期自记雨量计一般适用于驻守和无人驻守的巡测雨量站，特别适用于边远偏僻的无电源地区观测液态降水量，常采用翻斗式或浮子式两种形式。

2.2.2 雷达探测

气象雷达是利用云、雨、雪等对无线电波的反射现象来发现目标的。用于水文方面的雷达，有效范围一般是 40～200km。雷达的回波可在雷达显示器上显示出来，不同形状的回波反映着不同性质的天气系统、云和降水等等。根据雷达探测到的降水回波位置、移动方向、移动速度和变化趋势等资料，即可预报出探测范围内的降水、强度以及开始和终止时刻。

2.2.3　气象卫星云图

气象卫星按其运行轨道分为极轨卫星和地球静止卫星两类。目前地球静止卫星发回的高分辨率数字云图资料有两种：一种是可见光云图，另一种是红外云图。可见光云图的亮度反映云的反照率。反照率强的云，云图上的亮度就大，颜色较白；反照率弱的云，亮度弱，色调灰暗。红外云图能反映云顶的温度和高度，云层的温度越高，云层的高度越低，发出的红外辐射越强。在卫星云图上，一些天气系统也可以根据特征云型分辨出来。

用卫星资料估计降水的方法很多，目前投入水文业务应用的是利用地球静止卫星短时间间隔云图图像资料，再用某种模型估算。这种方法可引入人机交互系统，自动进行数据采集、云图识别、降雨量计算、雨区移动预测等项工作。

2.3　降　雨　观　测　场　地

2.3.1　场地查勘

降水量观测场地的查勘工作应由有经验的技术人员进行。查勘前应了解设站目的，收集设站地区自然地理环境、交通和通信等资料，并结合地形图确定查勘范围，做好查勘设站的各项准备工作。

1. 观测场地环境

(1) 降水量观测误差受风的影响最大。因此，观测场地应避开强风区，其周围应空旷、平坦、不受突变地形、树木和建筑物以及烟尘的影响。

(2) 观测场不能完全避开建筑物、树木等障碍物的影响时，要求雨量器（计）离开障碍物边缘的距离，至少为障碍物顶部与仪器口高差的2倍。

(3) 在山区，观测场不宜设在陡坡上、峡谷内和风口处，要选择相对平坦的场地，使承雨器口至山顶的仰角不大于30°。

(4) 难以找到符合上述要求的观测场时，可设置杆式雨量器（计）。杆式雨量器（计）应设置在当地雨期常年盛行风向的障碍物的侧风区，杆位离开障碍物边缘的距离，至少为障碍物高度的1.5倍。在多风的高山、出山口、近海岸地区的雨量站，不宜设置杆式雨量器（计）。

(5) 原有观测场地如受各种建设影响已经不符合要求时，应重新选择。

(6) 在城镇、人口稠密等地区设置的专用雨量站，观测场选择条件可适当放宽。

2. 观测场地查勘

(1) 查勘范围为2～3km²。

(2) 查勘内容如下：

1) 地貌特征，障碍物分布，河流、湖泊、水工程的分布，地形高差及其平均高程。

2) 森林、草地和农作物分布。

3) 气候特征、降水和气温的年内变化及其地区分布，初终霜、雪和结冰、融冰的大致日期，常年风向、风力及狂风、暴雨、冰雹等情况。

4）河流、村庄名称和交通、邮电通信条件等。

2.3.2 场地设置

除试验和比测需要外，观测场最多设置两套不同观测设备。

观测场地面积仅设一台雨量器（计）时为 4m×4m；同时设置雨量器和自记雨量计时为 4m×6m；如试验和比测需要，雨量器（计）上加防风圈测雪及设置测雪板，或设置地面雨量器（计）的雨量站，应根据需要或《水面蒸发观测规范》（SD 265—88）的规定加大观测场面积。

观测场地应平整，地面种草或作物，其高度不宜超过 20cm。场地四周设置栏栅防护，场内铺设观测人行小路。栏栅条的疏密以不阻滞空气流通又能削弱通过观测场的风力为准，在多雪地区还应考虑在近地面不致形成雪堆。有条件的地区，可利用灌木防护。栏栅或灌木的高度一般为 1.2~1.5m，并应常年保持一定的高度。杆式雨量器（计），可在其周围半径为 1.0m 的范围内设置栏栅防护。

观测场内的仪器安置要使仪器相互不受影响，观测场内的小路及门的设置方向，要便于进行观测工作，一般观测场地布置如图 2-7 所示。水面蒸发站的降水量观测仪器按《水面蒸发观测规范》的要求布置。

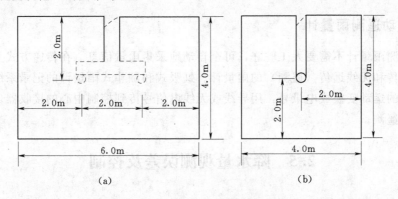

图 2-7 降雨量观测场平面布置图
(a) 安置 2 台仪器；(b) 安置 1 台仪器

在观测场地周围有障碍物时，应测量障碍物所在的方位、高度及其边缘至仪器的距离，在山区应测量仪器口至山顶的仰角。

2.3.3 场地保护

在观测场四周按规定的障碍物距仪器最小限制距离内，属于保护范围，不得兴建建筑物，不得栽种树木和高秆作物。

保持观测场内平整清洁，经常清除杂物杂草。对有可能积水的场地，在场地周围开挖窄浅排水沟，以防止场内积水。

保持栏栅完整、牢固，定期油漆，及时更换废损的栏栅。

2.4　降雨观测信息采集

2.4.1　驻地观测

我国降水量的观测规定，以每天 8 时作为日分界，即某日的降雨量为本日 8 时至次日 8 时的 24h 内所有降雨量之总和。

1. 人工雨量器观测

一般采用定时分段观测，具体各时期应采用的段次由测站任务书规定。常用两段制（每日 8 时、20 时），雨季采用四段制（每日 8 时、14 时、20 时、2 时）、八段（每日 8 时、11 时、14 时、17 时、20 时、23 时、2 时、5 时），雨大时甚至还需要增加观测次数。在规定的时间将雨量器内储水瓶的水倒入雨量杯，读取降水量，并记录下来。

2. 日记雨量计观测

观测时间为每日 8 时，降水日应在 20 时巡测一次，暴雨时应适当增加巡视次数。每天观测员提前到自记雨量处，8 时正点，对记录笔尖所在位置划上一短垂线，作为检查自记钟快慢的时间记号。换装记录纸，给笔尖加墨水，上紧自记钟发条，转动钟筒，回笔对时，对准记录笔开始记录时间。

2.4.2　自动遥测雨量计

自动遥测雨量计不需要人工驻守，可全自动地采集雨量信息。在传递方式上，现已研制出有线远传和无线远传（遥测）的雨量计。虹吸式和翻斗式雨量计的记录系统可以将机械记录装置的运动变换成电讯号，用导线或无线电信号传到控制中心的接收器，实现有线远传或无线遥测。

2.5　降水量观测误差及控制

2.5.1　降雨观测误差的组成

用雨量器（计）观测降水量，由于受观测场环境、气候、仪器性能、安装方式和人为因素等影响，降水量观测值存在系统误差和随机误差，其组成如下式

$$P = P_m + \Delta P \qquad (2-1)$$

$$\Delta P = \Delta P_a + \Delta P_w + \Delta P_c - \Delta P_s - \Delta P_b \pm \Delta P_g \pm \Delta P_r \qquad (2-2)$$

式中　P——降水量真值，mm；

　　P_m——降水量观测值，mm；

　　ΔP——降水量观测误差，mm；

　　ΔP_a——风力误差，mm；

　　ΔP_w——湿润误差，mm；

　　ΔP_c——蒸发误差，mm；

ΔP_s——溅水误差，mm；

ΔP_b——积雪漂移误差，mm；

ΔP_g——仪器误差，mm；

ΔP_r——测记误差，mm。

2.5.2 降雨观测误差的来源与控制

1. 风力误差（空气动力损失）ΔP_a

在观测场环境合乎降水量观测要求的条件下，风力误差主要因高出地面安装的雨量器（计）在有风时阻碍空气流动，引起风场变形，在器口形成涡流和上升气流，器口上方风速增大，使降水迹线偏离，导致仪器承接的降水量系统偏小。ΔP_a 值的大小与风速、器口安装高度成增函数关系，与雨滴大小成减函数关系，降雪的 ΔP_a 值大于降雨。

空气动力损失是降水量观测系统误差的主要来源，一般可使年降雨量偏小 2%～10%，降雪量偏小 10%～50%。应按下列要求将年降水量的动力损失控制在 3%以内。

（1）观测场地周围有障碍物阻碍气流运动，会导致降水量观测值偏大或偏小，且误差很难确定，故应重视场地查勘，使勘选的观测场地环境符合第 2.3 节的要求。如能在森林、果园内的空旷区或灌木丛中建立观测场，则更能削弱风的影响。

（2）为了减少动力损失，雨量器（计）安装高度越低越好。地面雨量器（计）的观测值，近似降水量真值。将器口离地面高度控制在 0.7～1.2m 以内，可以将年降水量观测误差控制在 3%以内。特殊情况下，安装器口高度不超过 3.0m 的杆式雨量器（计），亦能使年降水量误差控制在 3%以内。

（3）黄河流域及其以北地区、青海、甘肃及新疆、西藏等省区，凡多年平均降水量大于 50mm，且多年平均降雪量占年降水量达 10%以上的雨量站，用于观测降雪量的雨量器（计）应安装防风圈。

（4）不允许将雨量器（计）安装在房顶上观测降水量，因其观测值比实际降水量偏小很多，一般可使年降水量平均偏小 10%左右。

2. 湿润误差（湿润损失）ΔP_w

在干燥情况下，降水开始时，雨量器（计）有关构件要沾滞一些降水，致使降水量系统偏小。ΔP_w 值的大小与仪器结构、观测操作方法、风速、空气湿度和温度有关。

每次降水量的湿润损失，一般为 0.05～0.3mm，一年累积湿润损失，可使年降水量偏小 2%左右；降微量小雨次数多的干旱地区，年 ΔP_w 值达 10%左右。应按下列要求尽可能地将湿润误差控制在 1%～2%以内。

（1）提高雨量器（计）各雨水通道、储水器和量雨杯的光洁度，保持仪器各部件洁净，无油污、杂物，以减少器壁沾滞水量。

（2）预知即将降水之前，用少许清水细心湿润雨量器（计）各部件，抵偿湿润损失。但必须注意，不使储水器、浮子室、翻斗因湿润仪器而积水。

3. 蒸发误差（蒸发损失）ΔP_e

降水汇集入储水器、长雨计的浮子室、雨停后截留在翻斗内的降水量，因蒸发作用而损失。ΔP_e 值与风速、气温、空气湿度以及仪器封闭性能有关。

蒸发损失量可占年降水量的 $1\%\sim4\%$。应按下列要求将蒸发误差控制在 $1\%\sim2\%$ 以内。

（1）用小口径的储水器承接雨水。

（2）向长雨计的储水器或浮子室注入防蒸发油，防止雨水蒸发。

（3）每次降水停止后，及时观测储水器承接的降水量。

（4）尽量提高仪器各接水部件的密封性能。

4. 溅水误差 ΔP_s

较大雨滴降落到地面上，可溅起 $0.3\sim0.4m$ 高，并形成一层雨雾随风流动降入地面雨量器。正好落在器口边缘的雨滴及降落在防风圈上的雨滴也可能溅入器口。ΔP_s 与雨滴和风力大小成增函数关系。

溅水误差导致水量偏大，防风圈的溅水误差可使年降水量偏大 1% 左右；地面雨量器的溅水误差可使年降水量偏大 $0.5\%\sim1.0\%$。应按下列要求控制溅水误差。

（1）防风圈叶片上部的弯曲度和圈径，应使雨滴不能溅入器口，并在防风圈叶片上部加防溅设施。

（2）在地面雨量器周围大于 $0.5m$ 范围内，加网格防止溅水，并种植草皮。

5. 积雪飘移误差 ΔP_b

有积雪地区，风常常将积雪吹起飘入承雪器口，造成伪降雪，致使降雪量观测值偏大。根据雨量站所在地区的积雪深度和风力大小，将器口安装高度提高至 $2\sim3m$，可基本避免 ΔP_b 值的影响。

6. 仪器误差 ΔP_g

来源于仪器调试不合格，器口安装不水平，仪器受碰撞变形等引起的偶然误差，属于人为误差。如果这些问题得不到及时纠正，就成为系统误差，应力求避免。可通过选用合格仪器，精心安装调试，经常校正仪器，减少 ΔP_g 值。

7. 测记误差 ΔP_r

由于观测人员的视差、错读错记、操作不当和其他事故造成的偶然误差，一般可通过训练，提高观测人员的操作水平和责任心，可减少 ΔP_r 值至忽略不计。

降水量观测值的各项误差中，ΔP_g 和 ΔP_r 属于随机误差，具有抵偿性，由于观测人员严格执行控制条件，这两项随机误差对月、年降水量的影响可忽略不计。ΔP_s 和 ΔP_b 为系统正误差，但误差量小，且比较容易在安装仪器时采取措施防止。ΔP_s、ΔP_w、ΔP_c 为系统负误差，是使 P_m 值系统偏小的主要误差来源，故一般可将式（2-2）简化为

$$\Delta P' = \Delta P_s + \Delta P_w + \Delta P_c \qquad (2-3)$$

式中，$\Delta P'$ 是由动力损失 ΔP_s、湿润损失 ΔP_w、蒸发损失 ΔP_c 组成的系统误差。在这三项误差得不到控制的条件下，宜通过比较试验求得月、年降水量的 $\Delta P'$ 值，并在该站逐日降水量表的附注栏注明。

2.6　降雨量资料整编

根据《降雨量观测规范》（SL 21—2006），降雨量资料整理工作包括以下内容：

（1）审核原始记录，在自记记录的时间误差和降水量误差超过规定时，分别进行时间订正和降水量订正，有故障时进行故障期的降水量处理。

（2）统计日、月降水量，在规定期内，按月编制降水量摘录表。用自记记录整理者，在自记记录线上统计和注记按规定摘录期间的时段降水量。

（3）用计算机整编的雨量站，根据电算整编的规定，进行降水量数据加工整理。

（4）测站同时有固态存储器记录和其他形式记录时，如固态存储器记录无故障，则以固态存储器记录为准，固态存储器记录的降水量资料应直接进入计算机整编。

（5）指导站应按月或按长期自记周期进行合理性检查。检查的主要内容有以下几个方面：

1）对照检查指导区域内各雨量站日、月、年降水量，暴雨期的时段降水量以及不正常的记录线。

2）同时有蒸发观测的站应与蒸发量进行对照检查。

3）同时用雨量器与自记雨量计进行对比观测的雨量站，相互校对检查。

（6）按月装订人工观测记载簿和日记型记录纸，降水稀少季节，也可数月合并装订。长期记录纸，按每一自记周期逐日折叠，用厚纸板夹夹住，时段始末之日分别贴在厚纸板夹上。

（7）指导站负责编写降水量资料整理说明。

1）兼用地面雨量器（计）观测的降水量资料，应同时进行整理。

2）资料整理必须坚持随测、随算、随整理、随分析，以便及时发现观测中的差错和不合理记录，及时进行处理、改正，并备注说明。

3）对逐日测记仪器的记录资料，于每日 8 时观测后，随即进行昨日 8 时至今日 8 时的资料整理，月初完成上月的资料整理。

4）对长期自记雨量计或累积雨量器的观测记录，在每次观测更换记录纸或固态存储器后，随即进行资料整理，或将固态存储器的数据进行存盘处理。

5）各项整理计算分析工作，必须坚持一算两校，即委托雨量站完成原始记录资料的校正、故障处理和说明，统计日、月降水量，并于每月上旬将降水量观测记载簿或记录纸复印或抄录备份，以免丢失，同时将原件用挂号邮寄指导站，由指导站进行一校、二校及合理性检查。独立完成资料整理有困难的委托雨量站，由指导站协助进行。

6）降水量观测记载簿、记录纸及整理成果表中的各项目应填写齐全，不得遗漏，不做记载的项目，一般任其空白。资料如有缺测、插补、可疑、改正、不全或合并时，应加注统一规定的整编符号。

7）各项资料必须保持表面整洁，字迹工整清晰，数据正确，如有影响降水量资料精度或其他特殊情况，应在备注栏说明。

实训项目 1　虹吸式雨量计

实训任务：学会安装和使用虹吸式雨量计。

实训设备：DSJ2 型虹吸式雨量计。

实训指导：

1. 了解仪器设备

(1) 仪器用途、结构与工作原理。

虹吸式雨量计是用于连续记录液体降水、降水起讫和降水强度的自记仪器。适用于水文、气象台站及有关部门。

虹吸式雨量计由承雨器、小漏斗、浮子室、浮子、虹吸管、自记钟、记录笔、笔档、储水器、观测窗和外壳等组成。

其工作原理为：降水从承水器的承水口落入，由承水器的锥形大漏斗汇总经导水管流入小漏斗和进水管至浮子室，此时浮子室内水位上升。浮子升高并带动固定在浮子杆上的记录笔上升。同时装在钟筒上的自记纸随自记钟旋转，由装有自记墨水的笔尖在自记纸上画出曲线。当笔尖达自记纸 10mm 线上时，浮子室内液面即达到虹吸管的弯曲部分，由于虹吸作用，水从虹管中自动溢出。浮子下降至笔尖指零线时停住，继续降水时重复上述动作。

记录纸上纵坐标记录雨量，横坐标由自记钟驱动，表示时间。记录纸上记录下来的曲线是累积曲线，既表示雨量的大小，又表示降雨过程的变化情况，曲线的坡度表示降雨强度。因此从自记雨量计的记录纸上，可以确定出降雨的起止时间、雨量大小、降雨量累积曲线、降雨强度变化过程等。

(2) 仪器技术参数。

1) 记录纸分度范围：−0.5～10.5mm（降水量每到 10mm 时，虹吸一次）。

2) 记录误差：±0.05mm。

3) 降水强度记录范围：0.01～4mm/min。

4) 承水口内径：200±0.3mm。

5) 承水口面积为浮子室横截面积的 9.7 倍。

6) 自记纸上雨量最小分度：0.1mm。

全程记录时间：26h。

时间最小分度：10min。

7) 在非工作情况下，虹吸一次的持续时间不超过 14s。

8) 自记钟上满弦连续工作时间不短于 36h，24h 内任意时刻走时误差不超过 ±5min。

9) 仪器重量：17kg。

10) 仪器尺寸：$\phi335 \times 1095$。

2. 仪器安装调整指导

（1）虹吸式雨量计安装在观测场平整的地面上，用 3 根钢丝绳牵固，以免震动使记录发生变化，承水口面用水平仪调整呈水平。

（2）自记纸卷在钟筒上，将自记钟上满发条放在支柱的钟轴上，注意先顺时针后逆时针方向旋转自记钟筒，检查齿轮的啮合情况是否良好。

（3）将虹吸管的短弯曲端插入浮子室的出水管内，并用连接器密封紧固。

（4）将笔尖注入自记墨水，用手指夹住记录笔杆，使笔尖接触纸面。对准时间消除齿隙。

（5）检查虹吸是否正常。

用清水缓慢倒入承水器至虹吸作用止，虹吸管溢流停止后，笔尖应停留在零线上。偏离多时，要拧松笔杆固定螺钉进行粗调；微调时，用手指扳动记录笔杆，调节笔尖指零线。

虹吸作用应在 10mm 上开始，若未达到或超过 10mm 线，需旋松虹吸管连接器，把虹吸管上移或下降。

若虹吸作用不正常，溢流时间超过 14s 时，则是虹吸管弯曲部分脏污，可取下虹吸管，用软布系于绳中央，先用肥皂水后用清水拖擦洗净。若虹吸时有气泡产生，不能溢完，说明虹吸管内漏气，可用白蜡或凡士林的油脂混合物涂堵密封。

（6）检查仪器是否正常运行。

当仪器正常时，雨量记录有如下特点：

1）无雨时，自记纸上画水平线。

2）有雨时，画着平滑的上升曲线。

3）当水从浮子室溢出时，画着垂直线。

3. 虹吸式自记雨量计观测降水量

（1）观测时间。

每日 8 时观测一次，有降水之日应在 20 时巡视仪器运行情况，暴雨时适当增加巡视次数，以便及时发现和排除故障，防止漏记降雨过程。

（2）观测程序。

1）观测前的准备：在记录纸正面填写观测日期和月份，背面印上降水量观测记录统计表。

2）每日 8 时正点，立即对着记录笔尖所在位置，在记录纸零线上画一短垂线，作为检查自记钟快慢的时间记号。

3）用笔档将自记笔剥离纸面，换装记录纸。给笔尖加墨水，拨回笔档对时，对准记录笔开始记录时间，划时间记号。有降雨之日，应在 20 时巡视仪器时，划注 20 时记录笔尖所在位置的时间记号。

4）换纸时无雨或仅降小雨，应在换纸前，慢慢注入一定量清水，使其发生人工虹吸，检查注入量与记录量之差是否在 ±0.05mm 以内，虹吸历时是否小于 14s，虹吸作用是否正常，检查或调整合格后才能换纸。

5）自然虹吸水量观测：

a. 观测时，若有自然虹吸水量，应更换储水器，然后用量雨杯测量储水器内降水，并记载在该日降水量观测记录统计表中。

b. 暴雨时，估计降雨量有可能溢出储水器时，应及时用备用储水器更换测记。

（3）更换记录纸。

1）换装在钟筒上的记录纸，其底边必须与钟筒下缘对齐，纸面平整，纸头纸尾的纵横坐标衔接。

2）连续无雨或降雨量小于 5mm 之日，一般不换纸，可在 8 时观测时，向承雨器注入清水，使笔尖升高至整毫米处开始记录，但每张记录纸连续使用日数一般不超过 5 日，并应在各日记录线的末端注明日期。每月一日必须换纸，以便按月装订。降水量记录发生自然虹吸之日，应换纸。

3）8 时换纸时，若遇大雨，可等到雨小或雨停时换纸。若记录笔尖已到达记录纸末端，雨强还是很大，则应拨开笔档，转动钟筒，转动笔尖越过压纸条，将笔尖对准纵坐标线继续记录，待雨强小时才换纸。

（4）雨量记录的检查。

正常的虹吸式雨量计的雨量记录线应是累积记录到 10mm 时即发生虹吸（允许误差 ± 0.05mm），虹吸终止点恰好落到记录纸的零线上，虹吸线与纵坐标线平行，记录线粗细适当、清晰、连续、光滑，无跳动现象，无雨时必须为水平线。

每日时间误差应符合要求。若检查出不正常的记录线或时间超差，应分析查找故障原因，并进行排除。

（5）观测注意事项。

1）每日 8 时观测（或其他换纸时间）对准北京时间开始记录时，应先顺时针后逆时针方向旋转自记钟筒，以避免钟筒的输出齿轮和钟筒支撑杆上的固定齿轮的配合产生间隙，给走时带来误差。

2）降雨过程中巡视仪器时，如发现虹吸不正常，在 10mm 处出现平头或波动线，即将笔尖剥离纸面，用手握住笔架部件向下压，迫使仪器发生虹吸，虹吸终止后，使笔尖对准时间和零线的交点继续记录，待雨停后才对仪器进行检查和调整。

3）经常用酒精洗涤自记笔尖，使墨水流畅。

4）自记纸应平放在干燥清洁的橱柜中保存。不应使用潮湿、脏污或纸边发毛的记录纸。

5）量雨杯和备用储水器应保持干燥清洁。

4. 虹吸式自记雨量计记录资料的整理

有降水之日于 8 时观测更换记录纸和量测自然虹吸量或排水量后，立刻检查核算记录雨量误差和计时误差，若超差应进行订正，然后计算日降水量和摘录时段雨量，月末进行月降水量统计。

（1）时间订正。

一日内使用机械钟的记录时间误差超过 10min，且对时段雨量有影响时，进行时间订正。

如时差影响暴雨极值和日降水量者，时间误差超过 5min，即进行时间订正。

订正方法：以 20 时、8 时观测注记的时间记号为依据，当记号与自记纸上的相应纵坐标不重合时，算出时差，以两记号间的时间数（以小时为单位）除两记号间的时差（以分钟为单位），得每小时的时差数，然后用累积分配的方法订正于需摘录的整点时间上，并用铅笔画出订正后的正点纵坐标线。

（2）虹吸式雨量计记录雨量的订正。

1）虹吸量订正。

a. 当自然虹吸雨量大于记录量，且按每次虹吸平均差值达到 0.2mm，或一日内自然虹吸量累积差值大于记录量达 2.0mm 时，应进行虹吸订正。订正方法是将自然虹吸量与相应记录的累积降水量之差值平均（或者按降水强度大小）分配在每次自然虹吸时的降水量内。

b. 自然虹吸雨量不应小于记录量，否则应分析偏小的原因。若偏小不多，可能是蒸发或湿润损失；若偏小较多，应检查储水器是否漏水，或仪器有其他故障等。

2）虹吸记录线倾斜订正。

虹吸记录线倾斜值达到 5min 时，需要进行倾斜订正，订正方法如下：

a. 以放纸时笔尖所在位置为起点，画平行于横坐标的直线，作为基准线。

b. 通过基准线上正点时间各点，作平行于虹吸线的直线，作为"纵坐标订正线"。基准线起点位置在零线的，如图 2-8、图 2-9 所示；起点位置不在零线的，如图 2-10 所示。

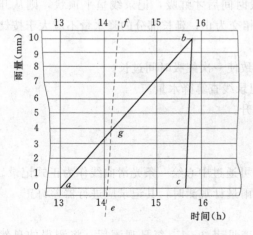

图 2-8 虹吸线倾斜订正示意图
（起点位置在零线，右斜）

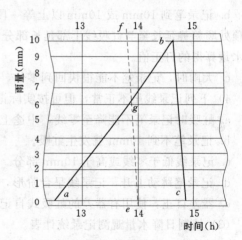

图 2-9 虹吸线倾斜订正示意图
（起点位置在零线，左斜）

c. 纵坐标订正线与记录线交点的纵坐标雨量，即为所求之值。如在图 2-8 中要摘录 14 时正确的雨量读数，则通过基准线 14 时坐标点，作一直线 ef 平行于虹吸线 bc，交记录线 ab 于 g 点，g 点纵坐标读数（图中 g 点为 3.5mm）即为 14 时订正后的雨量读数。

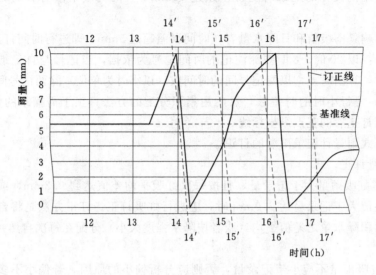

图 2-10　虹吸线倾斜订正示意图（起点位置不在零线）

其他时间的订正值依此类推。

如果遇到虹吸倾斜和时钟快慢同时存在，则先在基准线上作时钟快慢订正（即时间订正），再通过订正后的正确时间，作虹吸倾斜线的平行线（即纵坐标订正线），再求订正后的雨量值。

3）凡记录线出现下列情况，则以储水器收集的降水量为准，进行订正。

a. 记录线在 10mm 处呈水平线并带有波浪状，则此时段记录雨量比实际降水量偏小。

b. 记录笔到 10mm 或 10mm 以上等一段时间后才虹吸，记录线呈平顶状，则从开始平顶处顺趋势延长至与虹吸线上部延长部分相交为止，延长部分的降水量不应大于按储水器水量算得的订正值。

c. 大雨时，记录笔不能很快回到零位，致使一次虹吸时间过长。

4）下列记录线虽不正常，但可按实际记录线查算降水量。

a. 虹吸时记录笔不能降至零线，中途上升。

b. 记录笔不到 10mm 就发生虹吸。

c. 记录线低于零线或高于 10mm 部分。

d. 记录笔跳动上升，记录线呈台阶形，可通过中心绘一条光滑曲线作为正式记录。

e. 器差订正：使用有器差的虹吸式自记雨量计观测时，其记录应进行器差订正。

（3）填制日降水量观测记录统计表。

虹吸式自记雨量计降水量观测记录统计表见表 2-1。每日观测后，将测得的自然虹吸水量填入表 2-1（1）栏。然后根据记录纸查算表中各项数值。如不需进行虹吸量订正，则第（4）栏数值即作为该日降水量。

（4）降水量摘录。

经过订正后，将要摘录的各时段雨量填记在自记纸相应的时段与记录线的交点附近，如某时段降水量为雹或雪时，应加注雹或雪的符号。

表 2－1　　　　　　　**虹吸式自记雨量计降水量观测记录统计样表**

年　月　日 8 时至　日 8 时　　降水量观测记录统计表

(1)	自然虹吸水量（储水器内水量）	＝	mm
(2)	自记纸上查得的未虹吸水量	＝	mm
(3)	自记纸上查得的底水量	＝	mm
(4)	自记纸上查得的日降水量	＝	mm
(5)	虹吸订正量＝(1)＋(2)－(3)－(4)	＝	mm
(6)	虹吸订正后的日降雨量＝(4)＋(5)	＝	mm
(7)	时钟误差　8 时至 20 时　分　20 时至 8 时　分		
备注			

实训项目2 翻斗式雨量传感器

实训任务：掌握翻斗式雨量传感器的安装与使用。

实训设备：JDZ05 型翻斗式雨量传感器。

实训指导：

1. 了解仪器设备

（1）仪器用途。

本传感器是一种水文、气象观测仪器，用以感知自然界降雨量，同时将其转换为开关信息量输出，以满足信息传输、处理、记录和显示的需要。其使用范围如下：

1）与雨量数据收集、存储、处理系统配套，作为国家专设站网雨量数据长期收集的雨量传感器。

2）与水情自动测报系统配套，作为专设站雨情遥测报汛的传感器。

3）与雨量记录或显示部分配套，用于国家基本雨量站，或气象台站、科研部门专设站的降水量观测。

4）JDZ05 型适用于多年平均降水量大于 800mm 地区雨量站、汛期雨量站和无人驻守观测的雨量站。

（2）仪器结构。

本仪器由承雨器件、计量组件两部分组成，如图 2-11、图 2-12 所示。

承雨器部件为采集、承接降雨之用，包括：承雨器、防虫网、漏嘴、筒身、M6 滚花圆柱头内六角螺钉和 M8 地脚螺栓等。

计量组件是一个翻斗式机械双稳态秤重机构。其功能是将以 mm 计的降雨深度转换为以 g（或 mL）计的相应单元重量（或体积），在降雨过程中，用开关量的形式将采集的信息量同步输出。计量组件包括：漏斗支部件、接线架、轴承、翻斗部件、微调螺钉、调平螺帽、调平螺杆、电缆护套、磁敏开关、集水罐、支架、圆水泡、工作平台、底座、底脚等。

（3）仪器工作原理。

本传感器工作原理为：进入承雨器环口的雨水，在承雨器的锥底汇集，经漏嘴进入计量组件的翻斗。漏斗接纳承雨器锥底汇集流下的雨水，滴嘴与滴针再一次使流水形成线状准确地注入翻斗。翻斗外形呈管状，中间按阶梯状分隔成左、右对称的两个斗室。翻斗部件的左、右两斗总是轮换处于一上一下的态势，上方斗室接受承雨器汇集来的水量，随着水量增加，当重量达到仪器感量时，翻斗翻转力矩大于翻斗部件自重平衡力矩时，翻斗旋即翻转，将水倒进集水罐，排出器外。这时原先翻斗部件的下斗则上升，转换为上斗，重复上述动作，不间断地循环计量降雨量。

（4）仪器技术参数。

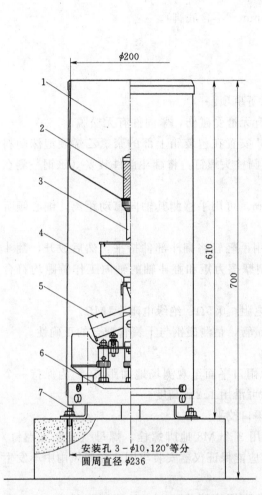

图 2-11 JDZ05 型翻斗式雨量传感器总装结构
1—承雨器；2—防虫网；3—漏嘴；4—筒身；5—计量组
件；6—M6 滚花圆柱头内六角螺钉；7—M8 地脚螺栓

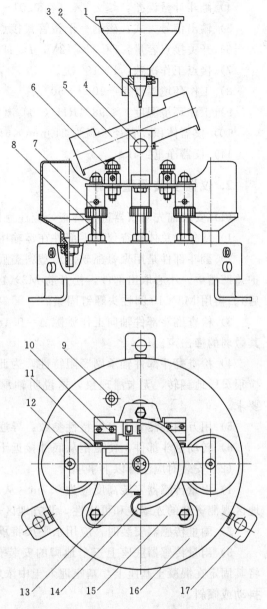

图 2-12 JDZ05 型翻斗式雨量传感器计量组件结构
1—漏斗；2—滴嘴；3—接线架；4—轴承；5—翻斗部件；
6—微调螺钉；7—调平螺帽；8—调平螺杆；9—电缆
护套；10—磁敏开关；11—磁钢；12—集水罐；
13—支架；14—圆水泡；15—工作平台；
16—底座；17—底脚

1）承雨口内径：$\phi200+0.60$，外刃口角度 45°。

2）仪器分辨力：0.5mm。

3）降雨强度测量范围：0.01～4mm/min。

4) 翻斗计量误差：≤±4%（在 0.01~4mm/min 雨强范围）。

5) 输出信号方式：磁钢—干簧管式接点通断信号。

6) 开关接点容量：DC V≤12V，I≤120mA。

7) 接点工作次数：$1×10^7$ 次。

8) 工作环境温度：—10~+50℃。

9) 工作环境湿度：≤98%RH（40℃凝露）。

10) 仪器体积：直径×高为 210mm×610mm（不含底脚）。

11) 仪器净重：4kg。

2. 仪器安装调整指导

（1）安装前先对仪器进行检查，应注意以下事项：

1) 从外观总体检查仪器零部件在运输中有无遭受碰伤，紧固件有无松脱。

2) 翻斗部件是用聚氨酯软泡沫塑料裹后，安置在包装箱上部的聚氯乙烯硬泡沫塑料护盖凹槽中。小心取出部件，松开前 M3×10 圆柱头螺钉，将翻斗部件装妥（磁钢一侧在后）。再用 M3×10 圆柱头螺钉固紧。

3) 检查翻斗部件轴向工作游隙 Δ=0.1mm，可用手感测其轴向窜动距离，细心倾听其微弱的撞击声。

4) 检查翻斗部件轴承副摩阻特性，为此用手轻轻将翻斗部件持平，然后放开，翻斗应很灵敏地翻转，无卡滞现象，这说明轴承副摩擦力矩和翻斗轴的轴向工作游隙均符合要求。

5) 用万用表测量干簧管特性参数：导通电阻≤0.5Ω；绝缘电阻≥1MΩ。

6) 转动翻斗部件，使磁钢从底部接近干簧管，估测磁钢与干簧管配合的正确性。

（2）安装时应注意以下事项

1) 雨量传感器安装高度应为 0.7m（从承雨口平面至观测场地面距离）。为保持一个地区观测资料的连续性和可比性，北方地区也可沿用 1.2m 高度。

2) 雨量传感器安装时，应用水平尺将承雨口校平。

3) 雨量传感器底座上三个地脚的安装孔用 3 个 M8 地脚螺栓、螺母（或膨胀螺钉）将其固定在混凝土基座上。基座埋入土中浓度应能保证仪器安装牢固，在暴风雨中不发生抖动或倾斜。

注意：在浇注地脚混凝土时，确保三个地脚螺栓等分 120°，且圆周直径为 236mm，能与仪器底座很好地配合，建议另购 JDZ 系列仪器地脚螺栓安装固定架。安装时地脚螺栓预先固定在架上，一起埋入混凝土中，地脚螺栓螺纹冒出混凝土约 15mm。

4) 调整调平螺帽，使圆水泡居中，仪器调平后，用 M4×6 圆柱头螺钉将调平装置锁紧。

5) 基座应有排水管道出口和电缆的通道，如需要收集排水量以监测系统的测量精度，应建造一个安放集水容器的小室（坑）。

6) 信号输出电缆为两芯屏蔽线（A43VVT 2×16/0.15 话筒线）。

7) 电缆从仪器底座的橡胶电缆护套穿进，在入口上方打结，以增加抗拉强度，避免接线拉脱。电缆两芯电线分别剥长 20mm，折半、绞成股，塞进接线中座中常用发信部件的两接线孔，用螺钉紧固。

8）用手轻轻拨转翻斗部件，检查接受部分的信号是否正常。

9）进行人工给水检定。

用 10mm 雨量量筒盛满相当于 10mm 降雨量的清水。模拟雨强为 2mm/min 降雨量形成的流量，缓慢、均匀地从漏斗注入翻斗，即在 5±1min 内，将一量筒的水均匀倒完，倒水次数：JDZ05—1 型仪器共 5 次，相当于 50mm 降水量的水；翻斗累计翻转总数均为 100±4 次，即为合格。这是目前水文站普遍采用的方法。关键的问题是，倒水速度须严格控制定量、匀速。雨强尤应注意，且勿过大，更不得突然猛倒！因计量误差会随雨强的增大而迅速增加。

10）将承雨器部件筒身套在仪器基座上，用内六角扳手（S＝5）将 3 个 M6 滚花圆柱头内六角螺钉锁紧。

至此，仪器安装完毕。

3. 翻斗式自记雨量计观测降水量

（1）自记周期的选择。

使用划线模拟记录时，自记周期可选用 1 日、1 个月或 3 个月。每日观测的雨量站，可用日记式；低山丘陵、平原地区、人口稠密、交通方便的雨量站，以及不计雨日的委托雨量站，实行间测或巡测的水文站、水位站的降水量观测自记周期宜选用 1 个月；对高山偏僻、人烟稀少、交通极不方便地区的雨量站，自记周期宜选用 3 个月。

使用固态存储记录时，自记周期一般可选 3 个月、6 个月或 1 年，由测站条件和系统配置而定。若数据传输采用无线或有线 PSTN 方式，则不受其限制，可根据降水量情况和测验需要决定数据传输的频度。

（2）观测（换纸）时间。

1）每日观测的观测（换纸）时间同虹吸式雨量计。

2）用长期自记记录方式观测的观测（换纸）时间，可选在自记周期末 1～3 日内无雨时进行。

3）为了便于巡测工作安排，指导站可按巡测路线，逐站安排日期。

4）考虑两个周期始末记录的衔接、连续，一般不允许任意改变观测（换纸）日期，以免引起资料混乱。

（3）观测方法。

1）划线模拟记录观测方法。

每日观测：

a. 观测前在记录纸正面填写观测日期和月份，背面印上降水量观测记录统计表（表式见表 2 - 1）。

b. 每日 8 时正点，立即对着记录笔尖所在位置，在记录纸零线上划一短垂线，作为检查自记钟快慢的时间记号。

c. 用笔档将自记笔剥离纸面，换装记录纸。给笔尖加墨水，拨回笔档对时，对准记录笔开始记录时间，划时间记号。有降雨之日，应在 20 时巡视仪器时，划注 20 时记录笔尖所在位置的时间记号。

d. 到观测场巡视传感器工作是否正常，若有自然排水量，应更换储水器，然后用量雨杯测量储水器内降水，并记载在该日降水量观测记录统计表中。暴雨时应及时更换储水器，以免降水溢出。

e. 换装在钟筒上的记录纸，其底边必须与钟筒下缘对齐，纸面平整，纸头纸尾的纵横坐标衔接。

f. 连续无雨或降雨量小于 5mm 之日，一般不换纸，可在 8 时观测时，向承雨器注入清水，使笔尖升高至整毫米处开始记录，但每张记录纸连续使用日数一般不超过 5 日，并应在各日记录线的末端注明日期。每月一日必须换纸，以便按月装订。

g. 8 时换纸时，若遇大雨，可等到雨小或雨停时换纸。若记录笔尖已到达记录纸末端，雨强还是很大，则应拨开笔档，转动钟筒，转动笔尖越过压纸条，将笔尖对准纵坐标线继续记录，待雨强小时才换纸。

h. 换纸时若无雨，可按动底板上的回零按钮，使笔尖调至零线上，然后换纸。

i. 有必要对记录器和计数器对比观测时，有降水之日，应在 8 时读记计数器上显示的日降水量，然后按动按钮，将计数器字盘上显示的五个数字全部回复到零。如只为报汛需要，则按报汛要求时段读记，每次观读后，应将计数器全部复零。

长期自记观测：

a. 换纸前先对时，对准记录笔位在记录纸零线上划注时间记号线，注记年、月、日、时分和时差。

b. 按仪器说明书要求更换记录纸、记录笔和石英钟电池。

2）固态存储记录观测方法。

a. 完成安装和检查的仪器，在正式投入使用前，清除以前存储的试验数据，对固态存储器进行必要的设置和初始化。设置的内容有站号、日期、时钟、仪器分辨力、采样间隔、通信方式、通信波特率等，应根据现场情况选择。其中采样间隔一般设置为 5min，需要时也可设置为 1min，对时误差应小于 60s。

b. 仪器经过 1 个自记周期，读取降水量数据后，均要对仪器重新进行功能检查。复核初始化设置是否正确，清除已被读出的数据，重新开始下一个自记周期的运行。

c. 配置在水文自动测报系统中的长期自记雨量计，若采用按中心站随机指令或终端定时进行数据传输时，应结合系统测站的巡视维护安排，定期去测点，检查仪器工作情况。

（4）雨量记录的检查。

1）划线模拟记录的检查。

a. 正常翻斗式雨量计的记录笔跳动 100 次，即上升到 10mm（分辨力为 0.2mm 者为 20mm），同步齿轮履带推条与记录笔脱开，靠笔架滑动套管自身重力，记录笔快速下落到记录纸的零线上，下降线与纵坐标线平行。记录笔无漏跳、连跳或一次跳两小格的现象，呈 0.1mm（或 0.2mm）一个阶梯形或连续（雨强大时）的清晰迹线，无雨时必须呈水平线。

b. 记录笔每跳一次满量程，允许有±1 次误差，即记录笔跳动 99 次或 101 次，与推条脱开，视为正常。

c. 对每日观测的记录器记录的降水量与自然排水量的差值，应符合要求。

d. 记录时间日误差符合要求。

如查出与上述 4 款要求不符之处，应分析查找故障原因，并进行排除。

2）固态存储记录的检查。

a. 用于每日观测的固态存储器，其记录降水量与自然排水量的差值，应符合规范误差要求。

b. 记录时间误差应符合规范误差要求。

如查出与上述 2 款要求不符之处，应分析查找故障原因，并进行排除。

（5）观测注意事项。

a. 要保持翻斗内壁清洁无油污，翻斗内如有赃物，可用水冲洗，禁止用手或其他物体抹拭。

b. 计数翻斗与计量翻斗在无雨时应保持同倾于一侧，以便有雨时，计数翻斗与计量翻斗同时启动，第一斗即送出脉冲信号。

c. 要保持基点长期不变，调节翻斗容量的两对调节定位螺钉的锁紧螺帽应拧紧。观测检查时，如发现任何一只有松动现象，应注水检查仪器基点是否正确。

d. 定期检查干电池电压，如电压低于允许值，应更换全部电池，以保证仪器正常工作。

4. 翻斗式自记雨量计记录资料的整理

（1）每日观测雨量记录的整理。

1）当记录降水量与自然排水量之差达±2%且达±0.2mm，或记录日降水量与自然排水量之差达±2.0mm，应进行记录量订正。记录量超差，但计数误差在允许范围以内时，可用计数器显示的时段和日降水量数值。

2）时间订正：如用机械钟，则同虹吸式雨量计。

3）记录量的订正：

翻斗式雨量计的量测误差随降水强度而变化，有条件的站，可进行试验，建立量测误差与降水强度的关系，作为记录雨量超差时判断订正时段的依据之一。

无试验依据的站，订正方法如下：

a. 一日内降水强度变化不大，则将差值按小时平均分配到降水时段内，但订正值不足一个分辨力的小时不予订正，而将订正值累积订正到达一个分辨力的小时内。

b. 一日内降水强度相差悬殊，一般将差值订正到降水强度大的时段内。

c. 若根据降水期间巡视记录能认定偏差出现时段，则只订正该时段内雨量。

4）填制日降水量观测记录统计表。

翻斗式自记雨量计降水量观测记录统计表见表 2 - 2。每日 8 时观测后，将量测到的自然排水量填入表中（1）栏，然后根据记录纸依序查算表中各项数值，但计数器累计的日降水量，只在记录器发生故障时填入，否则任其空白。

表 2－2　　　　　　　翻斗式雨量计降水量观测记录统计样表

年　月　日 8 时至　日 8 时　　降水量观测记录统计表

(1)	自然排水量（储水器内水量）	=	mm
(2)	记录纸上查得的日降水量	=	mm
(3)	计数器累计的日降水量	=	mm
(4)	订正量＝(1)－(2)或(1)－(3)	=	mm
(5)	日降雨量	=	mm
(6)	时钟误差　8 时至 20 时　分　20 时至 8 时　分		
备注			

若需计数器和记录器记录值进行比较时，将计数器显示的日降水量（或时段显示量的累计值）填入，并计算出相应的订正量。根据本条第 1) 款规定，若需要订正时，则 (1) 栏自然排水量为该日降水量。若不需进行记录量订正，第 (2) 栏或第 (3) 栏数值，即作为该日降水量。

若记录器或计数器出现故障，表中有关各栏记缺测符号，并加备注说明。

5) 降水量摘录同虹吸式雨量计。

(2) 长期自记记录资料的整理。

1) 在每个自记周期末观测后，立即检查记录是否连续正常，计算计时误差。若超差，应进行时间订正，然后计算日降水量，摘录时段雨量。统计自记周期内各月降水量。如条件许可，在每场暴雨后应检查记录是否正常，如发现异常，应及时处理，并记录处理时间，以保证后续记录正常。

2) 时间订正。

a. 当计时误差达到或超过每月 10min，且对日、月雨量有影响时，进行时间订正。当计时出现故障时，不进行时间订正。

b. 订正方法：以自记周期内日数除周期内时差（以分钟为单位）得每日的时差数，然后从周期开始逐日累计时差达 5min 之日，即将累计值订正于该日 8 时处，从该日起每日时间订正 5min，并继续累计时差，至逐日累计值达 10min 之日起，每日时间订正 10min，依此类推，直到将自记周期内的时差分配完毕为止。对于划线模拟记录，在记录纸上用铅笔画出订正后的每日 8 时纵坐标线；在需作降水量摘录期间或影响暴雨极值摘录时，时间订正达 5min 之日，应逐时划出订正后的纵坐标线。对于固态存储器记录，可用电算程序订正。

3) 日降水量统计和时段降水量摘录。

a. 划线模拟记录的日降水量统计：有降水量记录之日，将统计的日降水量注记于该日 8 时降水量坐标零线附近。

b. 划线模拟记录的时段降水量摘录同虹吸式雨量计。

c. 固态存储器记录按整编规定，编制软件进行。

5. 仪器的维护

1) 注意保护仪器，防止碰撞。保持器身稳定，器口水平不变形。无人驻守的雨量站和雨雪量站，应对仪器采取特殊安全防护措施。

2）保持仪器内外清洁，按说明书要求，及时清除承雨器中的树叶、泥沙、昆虫等杂物，保持传感器承雨汇流畅通，以防堵塞。

3）传感器与显示记录器间有电缆连接的仪器，应定期检查插座是否密封防水，电缆固定是否牢靠。检查电源供电状况，及时更换电量不足的蓄电池。

4）多风沙地区在无雨或少雨季节，可将承雨器加盖，但要注意在降雨前及时将盖打开。

5）在结冰期间仪器停止使用时，应将传感器内积水排空，全面检查养护仪器，器口加盖，用塑料布包扎器身，也可将传感器取回室内保存。

6）长期自记雨量计的检查和维护工作，在每次巡回检查和数据收集时，根据实际情况进行。

7）每次对仪器进行调试或检查都要详细记录，以备查考。

实训项目3　遥测雨量站点建设

实训任务：掌握遥测雨量站点的建立与使用。

实训设备：JDZ05型翻斗式雨量传感器、ZJ.YDJ—01水联网智能遥测终端机、太阳能板、蓄电池、机柜、服务器等。

实训指导：

1. 遥测雨量站点设备配置

遥测雨量站的基本配置设备包括雨量计、遥测终端机（数据采集仪）、电源系统、防雷系统等。雨量计多采用翻斗式，分辨力一般可分为1.0mm与0.5mm两种。降雨强度测量范围为0～4mm/min。

根据遥测雨量计的配置，亦可分为以下四种类型，如图2-13～图2-16所示。

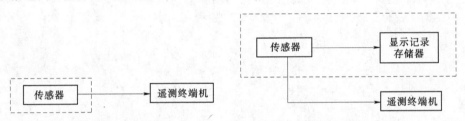

图2-13　遥测雨量计配置分类之一　　图2-14　遥测雨量计配置分类之二

图2-15　遥测雨量计配置分类之三　　图2-16　遥测雨量计配置分类之四

当水文自动测报系统要求在测站就地显示、记录、存储、打印降雨测量值时，可根据需求选择配置显示记录器。显示记录器一般采用模拟划线记录、固态存储、数字显示等形式。

记录周期系指记录纸或固态存储芯片、磁带、纸带所规定的使用时限。系统中显示记录器的记录周期可分为31天、91天、182天、365天等。

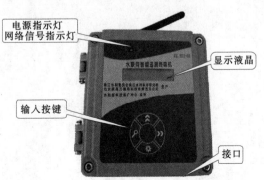

图2-17　遥测终端机外观

2. 数据采集仪

本实训采用的数据采集仪为水利部推

广目录产品 ZJ.YDJ—01 水联网智能遥测终端机，其外观如图 2-17 所示。

（1）设备结构。

终端机外壳采用防护等级为 IP65 的铸铝防水外壳，全部接口采用航空接头引出，选用 PVC 薄膜按键，使用次数大于 1 万次，配有 LCD 液晶显示窗口，可显示设备参数及状态信息，面板上方的 LED 指示灯用来指示设备工作状态，当接通电源时电源指示灯亮，当连接到服务器时网络信号指示灯亮，当进行数据传输时网络指示灯会闪烁。

（2）工作原理。

水联网智能遥测终端系统由遥测终端机、太阳能电池板、铅酸蓄电池，以及雨量计、水位计、流量计及摄像头等传感器组成，如图 2-18 所示。终端机内部由主控模块、电源及接口模块以及通信模块组成，各模块之间结构相对独立，当出现故障或功能升级时可单独更换。主控模块主要负责定时对各外部传感器数据进行采集，将数据处理后存储到 SD 卡并通过 GPRS 模块进行上报；GPRS 模块主要负责无线通信线路的链接建立及保持，模块选用了业内稳定性最好的西门子工业级 GPRS 模块，使用功能强大的外部 TCP/IP 协议栈，提供多中心同步传输功能；电源及接口模块主要负责蓄电池的充放电控制以及外部接口的防雷，防 ESD 保护。

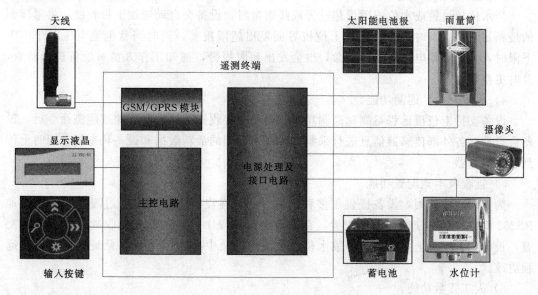

图 2-18 遥测终端机原理框架图

（3）设备硬件功能。

1）可测量的参数。

a. 基本参数：水位、流量、雨量、图像。

b. 其他参数：温湿度、气压、风向、风速、流量、闸门开度、大坝压力、位移等信息。

2）可连接的传感器。

浮子式水位计、翻斗式雨量计、脉冲式流量计及 CMOS 串口摄像头等。

3）可选择的通信方式。

GPRS 通信、GSM 短信通信、卫星通信、PSTN 通信、超短波通信等。其中，GPRS 通信和 GSM 短信通信为板载默认通信方式，其他通信方式可根据用户需要加购相关通信设备实现。

（4）软件功能。

1）自动上报功能。

终端机可灵活设置采样间隔及上报间隔，当到达指定采样间隔时会对雨量、水位、图像等外部传感器信息进行采集，经过处理后存储到本地 SD 卡内，当到达设定的上报间隔时，终端机会自动将保存在 SD 卡内部的数据统一上传到远程服务器。其中数据的采样间隔和上报间隔最小可达 1min，图像信息的最小采样上报间隔为 15min。

2）增量加报功能。

当水位、雨量数据在相邻两个采样间隔内发生较大变化时（水位变幅大于 5cm，雨量增幅大于 1mm），设备会马上启动增幅加报程序，将最新的水位、雨量信息上传到服务器，防治突发险情的发生，为避免波浪对水位数据的影响，系统在程序中增加了消浪算法，有效防止了误报的发生。

3）超限加报功能。

当水位超过警戒水位或雨量超过警戒降雨量时，设备会自动增加上报频度，将采样到的最新超限信息及时上报，并在上位机界面发出超限报警，同时当蓄电池电压低于 10V 下限时，为保证蓄电池的使用寿命，也会发出超限报警，通知工作人员对设备进行检查，及时更换电池。

4）远程召测、巡测功能。

设备支持上位机远程召测和巡测功能，当设备接收到上位机的召测或巡测命令后，设备会自动对各外部传感器信息进行采集，并将采集到的最新数据和设备状态信息同时上传到远程服务器。

5）远程及本地配置功能。

为方便用户使用，设备提供了多种配置方式，在设备安装时可通过液晶面板或本地 RS232 串口连接电脑进行本地配置，在设备运行过程中可通过远程接收软件进行远程配置，设备的采样、上报间隔，警戒水位、警戒雨量及中心站 IP、设备站址等信息均可远程更改。

6）人工置数功能。

用户可通过本地液晶面板将人工采集到水位或雨量数据输入终端机，通过 GPRS 网络上传到服务器。

3. 信息传输通信网选择

信道是传输信息的媒质，是构成通信网的基本部分，研究组网方式就是要找出适合本设计的信道或信道组合。目前，可用于水文数据传输采用的信道主要有有线和无线通信两种，有线通信主要以程控电话网（PSTN）为主，无线通信方式有卫星、超短波（UHF/VHF）、GSM 短信、GPRS 等。

（1）有线信道。

第三层保护：用户内部服务器的保护。通过用户端防火墙的设置，可以防止非法终端或黑客通过公网对用户内部服务器的攻击。这个用户端防火墙的安全策略由用户自己定义，我们建议防火墙只放通合法的业务端口号和合法的 IP 地址，同时使用 NAT 技术，不让内部服务器的 IP 地址暴露在公网上。

通过上述三层的保护措施，用户内部服务器和用户数据的安全级别可以达到国家对数据网络要求的最高级别。

4）价格低：由于 GSM/GPRS 网络按照流量收费，在数据传输量不是很大并终端特别多的情况下还可以按照 APN 接入点的流量收费，由用户根据运行情况选择。

（4）遥测通信组网。

遥测通信组网方案是多种多样的，但不外乎两种类型，即单一通信方式的组网方案和混合通信方式组网方案。单一通信方式的组网方案主要有电话交换网（PSTN）、移动通信、短波、超短波、微波、卫星 6 种组网方案。混合通信方式组网方案由 6 种单一通信方式的不同组合，可以衍生出很多种组网方案。下面对本系统使用的方案进行必要的分析。

通过分析目前几种水文数据传输的特点，结合通信现状、流域地理特性，海南省山洪灾害防治规区决定采用 GPRS/CDMA 通信组网方式。

利用 GPRS/CDMA 的通信组网方式，可以减少中继站的建设，缩小维护范围，节省维护费，在很大程度上降低了整个监测系统的总投资。

4. 电源系统

电源是整个遥测站设备正常可靠工作的基本保障，特别是地处偏远水库的遥测站，电源的合理配置尤其重要。系统遥测站均采用蓄电池组供电、太阳能电池浮充的供电方式。

蓄电池组供电、太阳能电池浮充的供电系统主要由太阳能电池板、蓄电池组等组成，按照使用要求，将太阳能电池组件串联组成太阳能电池方阵。蓄电池是太阳能电池方阵的储能装置。这种供电方式只要经过合理的设计，同时保证足够的日照时间，就可以保证站点设备不间断运行。这种方式既可解决供电问题，又可避免从电源线上引入的各种工业干扰和雷电干扰。

采用太阳能电池浮充供电方式时，蓄电池的性能非常关键。铅酸全密封酸性蓄电池具有良好的低温特性和充电特性，而且免维护，用来给遥测设备供电最为理想。

为了保证蓄电池能正常给遥测站系统供电，必须合理选择蓄电池的容量，主要考虑的因素有：系统的静态电流、工作电流、发送数据时间、最大连续无日照时间，蓄电池容量周期性的降落和它的老化，蓄电池要有足够余量。

硅太阳能电池是将光能直接转化为电能的半导体器件，具有体积小，可靠性高，寿命长，无环境污染，使用维护方便等特点。

太阳能电池板容量的计算与负载的日耗电量、蓄电池的工作电压和放电深度以及电池板安装地区的地理位置、太阳辐射、气候等因素有关。

遥测站的蓄电池可选用松下牌免维护 24Ah 铅酸蓄电池，其具有如下性能特点：

1）安全性能好：正常使用下无电解液漏出，无电池膨胀及破裂。

2）放电性能好：放电电压平稳，放电平台平缓。

3）耐震动性好：完全充电状态的电池完全固定，以 4mm 的振幅，16.7Hz 的频率震动 1h，无漏液，无电池膨胀及破裂，开路电压正常。

4）耐冲击性好：完全充电状态的电池从 20cm 高处自然落至 1cm 厚的硬木板上 3 次，无漏液，无电池膨胀及破裂，开路电压正常。

5）耐过放电性好：25℃，完全充电状态的电池进行定电阻放电 3 星期（电阻值相当于该电池 1CA 放电要求的电阻），恢复容量在 75％以上。

6）耐过充电性好：25℃，完全充电状态的电池 0.1CA 充电 48h，无漏液，无电池膨胀及破裂，开路电压正常，容量维持率在 95％以上。

7）耐大电流性好：完全充电状态的电池 2CA 放电 5min 或 10CA 放电 5s。无导电部分熔断，无外观变形。

太阳能电池可选用东莞市星火太阳能 SFP—12W 型太阳能电池板，设备主要参数如下：

1）峰值功率：12W。

2）峰值电压：18V。

3）峰值电流：0.66A。

4）开路电压：21.6V。

5）短路电流：0.733A。

6）Pm 温度系数：—0.45％/℃。

7）尺寸：380mm×275mm×25mm。

7）重量：1.5 kg。

9）配材：铝合金边框、防水接线盒。

由于本实训项目选用的遥测终端已内含蓄电池充放电控制模块，因此不需另配太阳能充电控制器。

5. 防雷系统

雷电不仅是通信系统中的一个主要天电干扰，而且是一种可能危及人身和设备安全的强烈放电现象，其电压可达几百万伏，电流峰值可达百万安培以上，加上通信网中使用的都是低压电子设备，对雷电感应等异常电压十分敏感。为了确保通信安全，必须将雷电感应影响降低到最低程度。

水利工程容易遭受雷击，尤其在汛期，雷击频繁，影响系统的正常运行，而这一期间正是发挥系统效益的有利时期。因此必须提高系统的防雷避雷性能。避雷设计中，在内部采用屏蔽技术、光电隔离、浮空等措施，使系统本身具有一定的防雷性能，减少雷击损失；在各控制柜内安装防雷器；在系统外部，根据系统的技术特点，加设等电位等避雷装置和地网，构造完整的避雷系统。

因此，在通信系统中，除了各主要通信设备和电源设备均配备避雷装置外，同时对各报汛站全部安装防雷地网。

本系统设计有以下几个方面的防雷措施：

1）供电电源的保护：野外避免采用架空线路供电，而采用电缆埋入地下。电线的末端安装合适通流容量的防雷保护器或浪涌抑制器。

2）数据信号线的保护：信号线路采用电缆沟的敷设形式，并穿在护管内；对于长距线路，则采用铁管保护，铁管外层要有良好的接地体。

3）屏蔽信号线的两端接信号防雷器；电缆屏蔽线和空线的一端可靠接地，另一端浮空，以防形成地电流。

4）为了减少雷电对传感器的损坏，保证传感器有良好的绝缘性能。在500V时，传感器内部导体与外壳之间的绝缘电阻大于500MΩ，当传感器接入了信号电缆后，且在接入数据采集系统前，每一导体（包括电缆屏蔽层）都进行绝缘强度测试。在500V时，其屏蔽层或任何导体对地的最低电阻大于10MΩ。

各站点防雷地网的接地电阻应小于5Ω。

6. 遥测雨量站点建设安装指导

（1）雨量观测场地选择。

1）雨量监测站原则上不新建雨量观测场，已建有雨量观测场的站，将雨量传感器放置在雨量观测场内。

2）未建雨量观测场的站，则利用屋顶平台进行观测，但安装时注意与建筑物、树木等障碍物的水平距离为障碍物高度的2倍。

（2）雨量传感器选择。

目前市场上的雨量传感器主要有虹吸式雨量计和翻斗式雨量计两种，考虑价格因素及对安装条件的适应性，决定选择翻斗式遥测雨量计作为自动雨量监测传感器。

JDZ05—1型雨量传感器是一种水文、气象仪器，用以测量自然界降雨量，同时将降雨量转换为以开关量形式表示的数字信息量输出，以满足信息传输、处理、记录和显示等的需要。

本仪器是国内首先研制成功的0.5mm翻斗式雨量计，可用于国家水文、气象站网雨量数据长期收集的雨量传感器。

本仪器与记录或显示部分配套，可进行有线雨量数据传输、显示、自记。与无线水情自动测报系统配套，可作为专设站雨情遥测报汛的传感器。

本仪器广泛用于全国各水文站，并且批量出口。

本仪器获国家实用新型专利（专利号：96232199.0实用新型专利）。

本仪器1996年经水利部鉴定，性能达到国际先进水平。1998年获水利部科技进步三等奖。

（3）遥测终端机安装。

1）安装前的检查：

a. 检查终端机及其他配套设备是否完整无损。

b. 检查配套设备的引线是否完好并正确连接。

c. 检查蓄电池电压是否在安全工作范围（11～14V）。

d. 检查天线是否可靠连接。

2）安装注意事项：

a. 各接口线必须正确连接。

b. 按照"传感器→蓄电池→太阳能电池板"的先后顺序连接。

c. 太阳能电池板安装角度可由纬度决定，不能受任何物品遮挡。

d. 配套设备的连线必须加套管保护（塑料软管或 PVC 硬管）。

e. 电缆在进入室内处应有回水弯。

3）常见故障及排除方法（表 2－3）：

表 2－3　　　　　　　终端机常见故障及排除方法

故 障 现 象	检 查 方 法	解 决 办 法
1. 终端机不工作，电源灯不亮	（1）检查蓄电池、太阳能电池板连线是否正确	（1）若否，正确连接线路
	（2）检查蓄电池电压是否在正常工作范围（11～14V）	（2）若否，则更换电压正常的蓄电池
2. 连续晴天，但蓄电池电压持续大幅度下降	（1）检查太阳能电池板是否正确连接	（1）若否，正确连接线路
	（2）检查太阳能电池板是否被覆盖	（2）若是，去除覆盖物
3. 无法读取水位信息	检查水位计是否正确连接	若否，正确连接线路。若故障仍在则更换水位计
4. 无法读取雨量信息	检查雨量计是否正确连接	若否，正确连接线路。若故障仍在则更换雨量计
5. 无法读取图像信息	检查摄像头是否正确连接	若否，正确连接线路。若故障仍在则更换摄像头
6. 无法连接 GPRS 网络	（1）检查 SIM 卡是否欠费	（1）若是，充值
	（2）检查天线是否正确连接	（2）若否，正确连接天线

实训项目4 降水信息数据整理与分析

实训任务：针对所提供的校园降雨监测站观测资料，根据《水文资料整编规范》的要求，进行降水信息数据整理与分析。

实训指导：水文测站日常工作中一项重要的任务就是对观测的资料进行整编。对于降雨观测记录的资料，除了每日、旬、月进行统计外，还要根据《水文资料整编规范》的要求，进行其他极值的统计，制成统一的表式，主要有逐日降水量表、降雨量摘录表、各时段最大降雨量表等，见表2-4～表2-7。

表 2-4　　　　　　　　　　××江××站逐日降水量统计样表

2009 年测站编码：81025100　　　　　　　　　　　　　　　　　　　　降水量单位：mm

日期＼月份	一月	二月	三月	四月	五月	六月	七月	八月	九月	十月	十一月	十二月
1												
2					0.5							
3				2.5		58.0	1.5	2.0				
4			0.5	7.5			22.0		3.5			
5			50.0				47.5	48.0	12.5			
⋮												
31			0.5				1.5					1.5

月统计		一月	二月	三月	四月	五月	六月	七月	八月	九月	十月	十一月	十二月
月统计	总量	9.5	2.5	152.0	96.5	205.5	287.0	153.0	166.0	127.5	14.5	49.0	41.0
	降水日数	2	2	15	13	12	20	14	11	12	1	5	7
	最大日量	6.5	1.5	50.0	35.0	57.5	58.0	47.5	53.0	43.5	14.5	20.5	12.0

年统计	降水量	1304.0				降水日数		114		
	时段（d）	1		3		7		15		30
	最大降水量	58.0		104.0		141.5		230.5		396.0
	开始日期	6-3		6-9		5-18		6-3		5-18
附注										

表 2-5　　　　　　　　　　××河××站降水量摘录统计样表

2009 年测站编码：　　　　　降水量单位：mm　　　　　　　　共1页　第1页

月	日	起 时	起 分	止 时	止 分	降水量	月	日	起 时	起 分	止 时	止 分	降水量	月	日	起 时	起 分	止 时	止 分	降水量	月	日	起 时	起 分	止 时	止 分	降水量
4	2	15		16		0.5	5	23	18		19		3.5	6	27	16		19		2.0	8	6	5		6		2.5
	4	6		8		2.0			19		20		1.0		28	11		12		8.5			7		8		0.5
		9		10		2.0			20		2		4.0			12		13		1.0			8		9		1.5
		12		13		0.5		24	1		2		4.0			15		16		0.5			9		10		20.5
		19		20		1.0			5		6		0.5		29	11		12		1.0			10		13		3.0
		21		22		1.0			8		9		5.0			14		15		8.5		12	3		4		2.5
⋮	⋮																										

表 2-6　　　　　　　　　　**北江水系各时段最大降水量统计样表（1）**

年份：2009　　　　　流域水系码：　　　　降水量单位：mm　　　　共 1 页　第 1 页

站次	测站编码	站名	时段（min）												
			10	20	30	45	60	90	120	180	240	360	540	720	1440
			最大降水量												
			开始月-日												
1	81025100	芦苞	16.5	25.0	32.0	34.0	35.0	42.0	44.5	46.0	48.5	54.0	55.0	58.0	58.0
			8-5	8-5	8-5	8-5	6-3	8-12	8-12	8-12	8-12	8-12	6-9	6-3	5-24
⋮	⋮														

表 2-7　　　　　　　　　　**北江水系各时段最大降水量统计样表（2）**

年份：2009　　　　　流域水系码：810　　　降水量单位：mm　　　　共 1 页　第 1 页

站次	测站编码	站名	时段（h）															
			1			2			3			6			12			24		
			降水量	开始		降水量	开始		降水量	开始		降水量	开始		降水量	开始		降水量	开始	
				月	日		月	日		月	日		月	日		月	日		月	日
1	81025100	芦苞	32.0	6	3	43.0	8	12	45.0	8	12	53.0	8	12	58.0	6	3	58.0	6	3
⋮	⋮																		

情景 3 水位信息采集与处理

水位，是指河流、湖泊、水库及海洋等水体的自由水面相对于某一基面的高程，单位为米（m）。水位是最基本的观测项目，其资料可单独提供使用，也可配合其他项目使用。

水位是水利建设、防汛抗旱斗争的重要依据。在水利建设中，堤防、水库、电站、堰闸、灌溉、排涝等工程的规划、设计、施工、管理运用都要应用水位资料。其他工程建设如航道、桥梁、船坞、港口、给水、排水等也需要了解水位情况。在防汛抗旱斗争中，水位是掌握水文情报和进行水文预报，直接为水利、水运、防洪、防涝工程设计提供具有单独使用价值的资料，如用于确定堤防高程、坝高、桥梁及涵洞过水断面、公路路面标高等；另一方面，为工程的运行调度、防汛、水资源调配、水情预报等提供间接资料。

同时，水位也是推算其他水文数据并掌握其变化过程的间接资料。在水文测验中，经常用水位资料按水位—流量关系推算流量变化过程，用水位推算水面比降等。此外，在进行泥沙、水温、冰情等项目的测验中，也同时进行水位观测，作为掌握水流变化的重要标志。

3.1 水 位 观 测 基 面

水位与高程数值一样，要指明其所用基面才有意义。基面是作为水位和高程数值起算零点的一个固定基准面。水文测验中采用的基面有下列 4 种。

3.1.1 绝对基面

绝对基面是将某一海滨地点平均海水面的高程定为 0.00m，作为水准基面。我国曾沿用过大连、大沽、黄海、废黄河口、吴淞、珠江等基面。现在统一规定的基面为青岛黄海基面。一个水文测站所设的基本水准点与国家水准网所设水准点接测之后，该站的水准点高程和水位就可根据引据水准点用相应的绝对基面以上的米数来表示。

3.1.2 假定基面

这是在水文测站附近没有国家水准点或在一时还不具备接测条件的情况下暂时假定的一个水准基面。例如假定测站基本水准点的高程为 500.00m，则假定基面就是该水准点铅直向下 500m 处的水平面，并以它作为该站水位或高程的起算零点。

3.1.3 测站基面

这也是某些水文测站专用的一种假定基面，一般选择在河床最低点或历年最低水位以下 0.5～1.0m 处的水平面作为零点来计算水位高度。

3.1.4　冻结基面

这是将测站第一次使用的基面冻结下来作为永久固定基面的一种基面，也属水文测站专用的另一种假定基面。使用冻结基面可保持测站水位资料的历史连续性。

全河上下游或相邻测站应尽可能采用一致的固定基面。基面、水准点、水尺零点和水位的关系如图3-1所示。

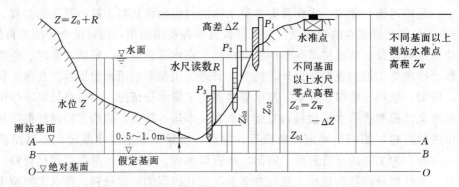

图3-1　基面、水准点、水尺零点和水位的关系图

3.2　水　位　观　测　方　法

根据所采用的观测设备和记录方式，水位观测方法可分为以下4种类型。

3.2.1　人工观测

在选定的地点设立水尺，直接观测水尺读数，加上水尺零点高程即为水位。水尺是水文测站必备的基本设施。根据岸边地形、岸壁组成以及受航运、漂木、流冰等影响的情况，水尺可设置成直立式、倾斜式、悬锤式和矮桩式。水尺的安装必须稳定牢固，其零点高程不易变动。

3.2.2　自记水位计记录

利用自记水位计，以图形或数字的形式记录或显示水位。这种方法可以连续地记录水位变化的完整过程，节省人力。凡有条件安装自记水位计的测站，应尽可能采用自记方法。

3.2.3　水位数据编码存储

采用适当的水位传感器感应水位变化，再利用机械或电子编码器将传感器输出的水位信号进行数字编码，转换成数字信号，连同相应的时间编码一起存储于穿孔纸带、磁带或固态存储器中。其存储周期一般为一年。这种水位记录可直接用计算机进行整编，并便于保存。这种测记方式主要适用于需长期收集水位资料而又无报汛任务的测站。

3.2.4　水位自动测报系统

这是利用遥测、现代通信和计算机等技术手段，独立完成水位数据的收集和处理的系统装置，由 1 个中心站，若干个遥测站以及通道 3 个部分组成。其一般工作过程是：遥测站的水位传感器将水位信号转换成电信号，经过数字编码、调制、发射，通过传输线或者通过微波中继站、卫星传送到中心站。中心站将接收的信号进行解调、译码和鉴别后，还原为水位记录，并将收集的数据进行适当的处理。必要时还可以反过来由中心站对各遥测站实行遥控调节。这种方法具有快速、高效等优点，但技术性强，投资大。目前在我国还处于少量试点阶段，主要适用于重要的防汛、引水和水库系统的优化调度等方面。

3.3 水位观测设备

水位观测的常用设备有水尺和自记水位计两类。

3.3.1 水尺

按水尺的构造形式不同，可分为直立式、倾斜式、矮桩式与悬锤式 4 种，其中应用最广泛的是直立式水尺，构造简单，观测方便，如图 3-2 所示。

3.3.2 自记水位计

利用水尺进行水位观测，需要人按时去观读，而且只能得到一些间断的水位资料。自记水位计能将水位变化的连续过程自动记录下来，有的还能将所观测的数据以数字或图像的形式远传室内，不致遗漏任何突然的变化和转折，使水位观测工作趋于自动化和远传化。

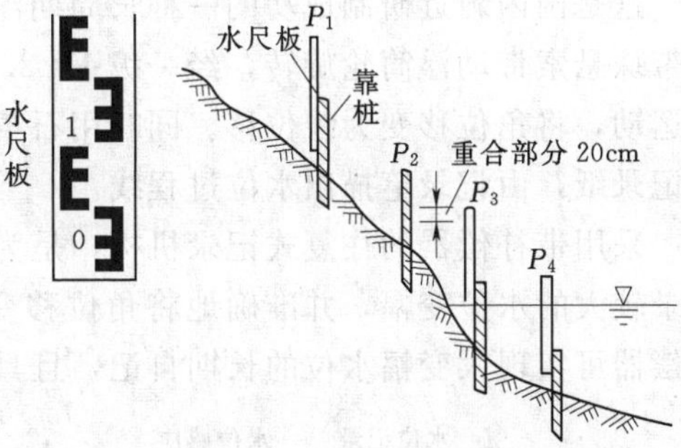

图 3-2 直立式水尺分级设置示意图

自记水位计是利用机械、压力、声、电等传感装置间接观测记录水位变化的设备，一般由水位感应、信息传递和记录 3 部分组成。

自记水位计有多种类型。按水位传感方式，主要有感应水面升降的各种浮子式水位计和测针式水位计，感应水压力的各种压力式水位计，基于电声转换原理测定水层厚度的超声波水位计等。按水位信息传输的方式和距离，可分为就地自记和电传、遥测水位计。

水位记录方式有记录纸描迹、数字显示、自动打印和穿孔纸带、磁带记录等类型。

1. 浮子式自记水位计

这是最早采用，目前也应用最广的一种自记水位计，具有结构简单、性能可靠、操作方便、经久耐用等优点。它可适应各种水位变幅和时间比例的要求。水位的变化既可就地自记，也可以转换为电信号以实现远传和遥测，且可采用多种记录方式。目前浮子式自记水位计已有很多种类型，其共同特点都是采用浮子直接感应水位的变化。

（1）横式自记水位计。

这是浮子式自记水位计的基本形式，如图 3-3 所示。水位感应部分由悬挂在传动轮上的浮筒和平衡锤组成。传动部分主要由浮筒轮和比例轮组成，由比例轮带动记录转筒转

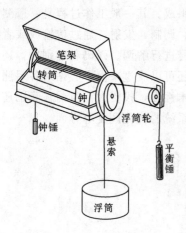

图 3-3　横式自记水位计

动。记录部分主要由卷纸转筒、记录笔、时钟和导杆等组成。卷纸筒为水平设置，记录笔尖接触纸面。

当浮子随水位升降时，通过悬索（或悬链、钢带）带动浮筒轮、比例轮和记录筒一起转动，同时由时钟牵引的细钢绳带动记录笔作横向移动。在传动轮和时钟的联合作用下，记录笔便在坐标纸上描绘出水位变化过程线。从自记曲线上摘录足够的点次作为水位记录。

设置比例轮是为了适应水位变幅的需要。该仪器中，比例轮与记录筒周长相等，而与浮筒轮周长之比为 1:2，故水位比例尺也为 1:2。

在摘录自记水位记录时，如果自记值与校核水尺的定时校测值之差超过 ±2cm，或每日时差超过 ±5min 且水位变化急剧，则应分别加以订正。

(2) WFM—90 型长期自记水位计。

这是国内新近研制成功的一种长周期浮子式自记水位计，如图 3-4 所示。该仪器采用带珠悬索带动浮筒轮旋转，经一级 1:2.5 的齿轮减速后，再拨动一个补偿器作水平往复运动，将角位移变为线位移。同时用石英自记钟带动时速筒转动，并驱动卷纸筒卷放长型记录纸，由记录笔描出水位过程线。

采用带补偿器的往复式记录机构，是为了在有限的记录纸宽度内，按适当比例尺长期记录较大的水位变幅，并准确地将角位移变为线位移，其工作原理如图 3-4（b）所示。补偿器可实现大变幅水位的长期自记，且具有良好的线性关系。

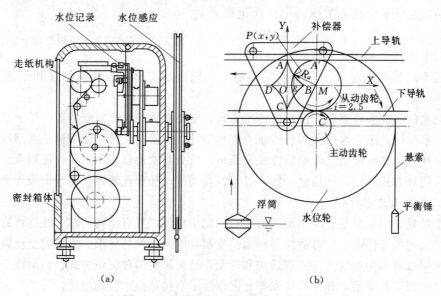

图 3-4　WFM—90 型长期自记水位计

该仪器中有两支记录笔，一支用于描绘水位过程线，另一支用于判别水位涨落。整机转动部件轻便灵活，走时精确。其记录周期为 90 天，可记录水位变幅 10m，能适应 0～

0.5m/min 的水位涨落率，水位记录基本误差不大于±0.02m，80％以上保证率的基本误差不大于±0.01m。

（3）浮子式电传、遥测水位计。

浮子式电传、遥测水位计是利用适当的传感器件将浮子感应的水位变化转换成相应的电量，通过传输线或无线电波送至室内接收记录，从而实现水位信息的远传和遥测的装置。

较早的电传遥测水位计多采用自同步电机或电阻传感方式，直接将水位信号进行有线远传。较新型的仪器中则多将水位信号转换成脉冲数字式信号，以有线或无线方式进行远传，例如，SY—2 型电传水位计和无线远传水位计。

1）SY—2 型电传水位计。

该仪器采用磁控干簧管系统构成触点式发讯装置（图 3-5），将浮子感应的每厘米水位涨落变化量转换成不同极性和相序的电脉冲，由传输线送回室内，再利用三相同步脉冲原理将水位变化变成步进电机的同步转动，并带动记录器以指针显示水位值，同时也可以在现场就地描迹自记。这种有线远传水位计需架设传输线，且易受雷电和暴风雨袭击而损坏零部件，维修较频繁。

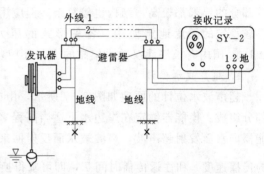

图 3-5 SY—2 型电传水位计示意图

2）无线远传水位计。

现以一种超短波无线远传水位计为例说明其工作原理，基本框图如图 3-6 所示。

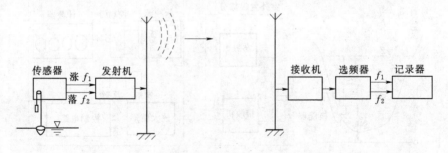

图 3-6 无线远传水位计原理框图

发送部分：由水银触点传感器和超短波发射机等组成。每当水位变化 1cm，传感器的水银触点即按"涨"或"落"的方向闭合一次，分别接通发射机中频率为 f_1 或 f_2 的低频振荡器，产生不同频率的音频信号，经低频功率放大和高频调制后，以超短波无线电信号发射出去。信号发出之后，发射机自动停机。

接收部分：由超再生式接收机和选频放大器组成。接收机从无线收到的高频调制信号中检出"涨"或"落"的音频信号，经初步放大后分别通过相应频率的选频放大器，再作用于各自的电子开关上，驱动计数电路工作。

记录部分：由可控硅触发电路和电机计数电路等组成。水位"涨"与"落"的信号分别触发两只可控硅管，使对应的电路导通，驱动电机正转或反转，带动计数器作加减计数。

使用各种浮子式水位计，都必须建造安放水位计的井台。自记井台主要由静水井、进水管和仪器室等组成。静水井的作用是保护浮子和减小波浪对水位记录的影响。

2. 压力式水位计

压力式水位计是根据静水压强（$P = \gamma h$），测定水下已知高程以上的水压力来推求水位的。水压力可用空气或液体作传递介质，采用各种压力传感器加以测量。由于水的比重 γ 受水温、水中含盐度和含沙量等的影响，要达到一定的观测精度，对传感、接收和记录等部分的要求都较高，结构也较复杂。但应用此种水位计时不需建造测井，可在水的比重等较稳定的任意地点使用。各种形式的压力式水位计在国外应用较多，精度已可达 $\pm 1 \text{cm}$。国内有长江武汉关水位站的 JY-10 型水压式水位计，可自动测报水位。

3. 超声波水位计

超声波水位计的原理如图 3-7 所示，由电声换能器、超声波发收机和数字显示器等部分组成。换能器锚定在岸边水下适当高程 Z_0 处。由发射机产生的超声频电脉冲激发换能器向水面发射超声波，声波被水面反射回来又激发换能器输出电信号。根据声波在水中的传播速度 c 和往返传播时间 T，即可求得换能器以上的水层深度 $d = \frac{1}{2}cT$。发射与反射信号经接收机放大和处理后送回室内，通过控制电路，在时间 T 内，对频率 $f = \left| \frac{c}{2} \right|$ 值脉冲源的输出脉冲进行计数，即可显示出 d 值，则水位 $Z = Z_0 + d$。

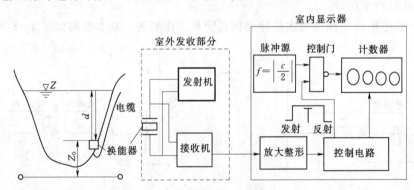

图 3-7　超声波水位计原理框图

采用超声波水位计，不需建造测井，且水温和含盐度的影响容易处理，因而具有较强的适应性，可连续读记水位，使用方便。

3.4　水位观测信息采集

水位的观测包括基本水尺和比降水尺的水位。水位观测次数，视水位变化情况，以能测得完整的水位变化过程，满足日平均水位计算及发布水情预报的要求为原则加以确定。

3.4.1 基本水尺水位的观测

（1）冰位平稳时，每日 8 时观测一次。稳定封冻期没有冰塞现象且水位平稳时，可每 2～5 天观测 1 次，月初、月末两天必须观测。

（2）水位变化缓慢时，每日 8 时、20 时观测 2 次，枯水期 20 时观测确有困难的站，可提前至其他时间观测。

（3）水位变化较大或出现缓慢的峰谷时，每日 2 时、8 时、14 时、20 时观测 4 次。

（4）洪水期或水位变化急剧时期，可每 1～6h 观测 1 次，暴涨暴落时，应根据需要增为每半小时或若干分钟观测 1 次，应测得各次峰、谷和完整的水位变化过程。

（5）结冰、流冰和发生冰凌堆积、冰塞的时期应增加测次，应测得完整的水位变化过程。

（6）某些结冰河流在封冻和解冻初期，出现冰凌堵塞，且堵、溃变化频繁的测站，应按第（4）项的要求观测。

（7）雪融水补给的河流，水位出现日周期变化时，在测得完整变化的基础上，经过分析可精简测次，每隔一定时间应观测一次全过程进行验证。

（8）枯水期使用临时断面水位推算流量的小河上的水文站，当基本水尺水位无独立使用价值时，可在此期间停测。

（9）当上下游受人类活动影响或分洪、决口而造成水位有变化时，应及时增加观测次数。

3.4.2 日记式自记水位计观测

使用日记式自记水位计时，每日 8 时定时校测 1 次；资料用于潮汐预报的潮水位站应每日 8 时、20 时校测 2 次。当一日内水位变化较大时，应根据水位变化情况适当增加校测次数。

3.4.3 自动监测水位系统观测

自动监测水位系统，日常需通过互联网在电脑上不定时检查电池电压、水位记录情况，检查水位的过程线图等各项工作指标，如有异常，即派员现场检查更换。每隔一定时期进行水尺水位校测，现场提取数据，进行资料整理保存。

3.5 水位观测的误差来源与控制

3.5.1 水尺观测误差来源与控制

1. 水尺水位观读的误差来源

（1）当观读员视线与水平不平行时所产生的折光影响。

（2）波浪影响。

（3）水尺附近停靠船只或有其他障碍物的阻水、壅水影响。

（4）时钟不准。

（5）在有风浪、回流、假潮影响时，观察时间过短，读数缺乏代表性。

2．水尺水位观测误差的控制

（1）观测员观测水位时，身体应蹲下，使视线尽量与水面平行，避免产生折光。

（2）有波浪时，可利用水面的暂时平静进行观读或者读取峰顶、谷底水位，取其平均值。波浪较大时，可先套好静水箱再进行观测。

（3）当水尺水位受阻水影响时，应尽可能先排除阻水内因素，再进行观测。

（4）随时校对观测时钟。

（5）采取多次观读，取平均值。

3.5.2　自记水位观测误差及控制

1．自记水位的仪器测量误差

（1）机械摩阻产生的滞后误差。

（2）悬索重量转移改变浮子吃水深度产生的误差。

（3）平衡锤入水改变浮子入水深度引起的误差。

（4）水位轮、悬索直径公差形成的误差。

（5）环境温度变化引起水位轮悬索尺寸变化造成的误差。

（6）机械传动空程引起的误差。

（7）走时机构的时间误差。

（8）记录纸受环境温度、湿度影响产生伸缩引起的误差。

2．自记水位的仪器误差控制

（1）因记录纸受环境温度、湿度影响所产生的水位误差和时间误差可通过密封、加干燥剂的方法加以控制。

（2）对由水位变率所引起的测井水位误差，可选取恰当的测井和进水管尺寸予以控制。对由测井内外流体的密度差所引起的水位误差，可在测井的上、下游对井进出水孔予以控制。

（3）校核水尺水位的观读不确定度应控制在 1.0cm 以内。

3.6　水位观测数据整理分析

水位资料是水文信息的基本项目之一，同时又是流量和泥沙资料整编的基础。水位资料出错，不仅影响其单独使用，而且会导致推求流量和输沙率资料时的一系列差错。因此，有必要对原始水位观测记录加以系统的整编。

水位数据处理工作包括：水位改正与插补，日平均水位的计算，编制逐日平均水位表，绘制逐时、逐日平均水位过程线，编制洪水水位摘录表，进行水位资料的合理性检查，编写水位资料整编说明书等。

3.6.1　水位改正与插补

当出现水尺零点高程变动，短时间水位缺测或观测错误时，必须对观测水位进行改正或插补。

（1）当确定水尺零点高程变动的原因和时间后，可根据变动方式进行水位改正。

（2）水位插补可根据不同情况，分别选用以下方法：

1）直线插补法：当缺测期间水位变化平缓，或虽变化较大，但与缺测前后水位涨落趋势一致时，可用缺测时段两端的观测值按时间比例内插求得。

2）过程线插补法：当缺测期间水位有起伏变化，如上（或下）游站区间径流增减不多，冲淤变化不大，水位过程线又大致相似时，可参照上（或下）游站水位的起伏变化，勾绘本站过程线进行插补。洪峰起涨点水位缺测，可根据起涨点前后水位的落、涨趋势勾绘过程线插补。

3）相关插补法：当缺测期间的水位变化较大，或不具备上述两种插补方法的条件，且本站与相邻站的水位之间有密切关系时，可用此法插补。相关曲线可用同时水位或相应水位点绘。如当年资料不足，可借用往年水位过程相似时期的资料。

3.6.2 日平均水位的计算

由各次观测或从自记水位资料上摘录的瞬时水位值 $Z_i(i=1, 2, 3, \cdots, n)$ 计算日平均水位 Z_{dm} 的方法有算术平均法和面积包围法两种。

1. 算术平均法

如一日内水位变化平缓，或变化虽较大，但观测或摘录时距相等时，可采用算术平均法，公式为

$$Z_{dm} = \frac{\sum_1^n Z_i}{n} \tag{3-1}$$

2. 面积包围法

如一日内水位变化较大且为不等时距观测或摘录时，应采用面积包围法。面积包围法又称梯形面积法，它是将本日 $0 \sim 24$ 时内的水位过程线所包围的面积，除以一日时间（即 24h）而得，如图 3-8 所示，计算公式为

$$Z_{dm} = \frac{1}{48} [Z_0 \Delta t_1 + Z_1(\Delta t_1 + \Delta t_2) + Z_2(\Delta t_2 + \Delta t_3) + \cdots + Z_{n-1}(\Delta t_{n-1} + \Delta t_n) + Z_n \Delta t_n]$$

$$\tag{3-2}$$

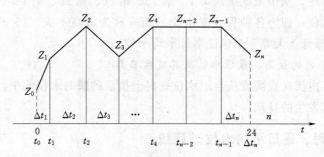

图 3-8 面积包围法计算日平均水位

当采用算术平均法或其他方法计算的结果与面积包围法相比超过 2cm 时，采用面积包围法计算日平均水位。

3.6.3　编制逐日平均水位表

逐日平均水位表要求表列全年的逐日平均水位，各月与全年的平均水位和最高、最低水位及其发生日期。有的测站还须统计出各种保证率水位。表 3-1 为逐日平均水位统计样表。

表 3-1　　　　　　　　　　某河某站逐日平均水位统计样表

年份：　　　　　　测站编码：　　　　　表内水位（冻结基面以上米数）±×××m＝××基面以上米数

日期 ＼ 月份		一月	二月	三月	四月	五月	六月	七月	八月	九月	十月	十一月	十二月
	1												
	2												
	3												
	4												
	5												
	⋮												
	31												
月统计	平均最高日期最低日期												
年统计	最高水位：　　月　　日　　最低水位：　　月　　日　　平均水位：												
	保证率水位最高　第15天　第30天　第90天　第180天　第270天　最低：												
附注													

1．月（年）平均水位的计算

月（年）平均水位用全月（年）日平均水位数的总和除以全月（年）天数求得。

2．各种保证率水位的统计

一年中日平均水位不低于某一水位值的天数，称为该水位的保证率。例如保证率为 30 天的水位为 537.50m，就是指该年中有 30 天的日平均水位不低于 537.50m。一般在有通航或浮运的河流上，要求统计部分测站的各种保证率水位。其做法是：对全年各日日平均水位由高到低排序，从中依此挑选第 1、第 15、第 30、第 90、第 180、第 270 及最后一个对应的日平均水位，即为各种保证率水位（相应称为最高 1 天、15 天、30 天、90 天、180 天、270 天和最低 1 天等 7 个保证率日平均水位）。

3．各月与全年内的最高、最低水位及其发生日期

从各月与全年内历次观测或从自记水位资料上摘录的瞬时水位值中，挑选出最高和最低水位，并记录其发生的日期。

3.6.4　绘制逐时、逐日平均水位过程线

水位过程线是在专用日历格纸上点绘的水位随时间变化的曲线。逐时水位过程线是在每次观测水位后随即点绘的，以便作为掌握水情变化趋势，合理布设流量、泥沙测次的参

考，同时也是流量资料整编时建立水位—流量关系和进行合理性检查时的重要参考依据。逐日平均水位过程线用以概括反映全年的水情变化趋势，过程线图上应标明最高与最低水位、河干、断流、冰情等重要情况。

3.6.5 编制洪水水位摘录表

洪水水位摘录表是"洪水水文要素（水位、流量、含沙量）摘录表"中的一部分。一般应摘录出全年中各次大型洪峰和具有代表性的中小洪峰过程，包括洪水流量最大、洪水总量最大的洪峰，含沙量最大、输沙量最大的洪峰，孤立洪峰，连续洪峰或特殊峰形的洪峰，汛初第一个峰和汛末较大的峰，久旱之后出现的峰，较大的春汛、凌汛和非汛期出现的较大峰。对于大江大河和平原型河流测站，如出现不易明显划分的长历时连续洪峰，可全汛期摘录。摘录的点次应能保持洪峰过程的原峰形不变。分峰摘录时应从起涨点稍前摘至本次洪峰落平时为止。

为了便于检查和进行水文分析研究，上下游站和干支流站应配套摘录，即以下游站选摘的各种类型洪峰为"基本峰"，上游站和区间支流出口站出现的相应洪峰为"配套峰"，作彼此呼应的摘录。对于各主要大峰，应在全河或相当长河段内作上下游配套摘录；一般洪峰，至少应按相邻站"上配下"原则摘录。

对于暴雨洪水，还要求洪峰与降水资料配套摘录。

3.6.6 水位资料的合理性检查

单站水位资料的合理性检查，可根据水位变化的一般特性（如水位变化的连续性、水位涨落率的渐变性和洪水波形特性等）和影响因素，对逐时或逐日水位过程线进行分析，检查水位变化是否连续，峰形是否合理，各时期水位变化有无反常现象，并检查换用水尺前后和年头年尾与前后年水位是否衔接。水库站和堰闸站，还应检查水位变化与闸门启闭情况是否相应。

上下游站水位资料的综合合理性检查，可根据洪水波变形特性和区间河段的具体情况，用上下游水位过程线对照、上下游水位相关图和特征水位沿河长演变图进行分析，发现明显不合理现象时，应查明区间是否有明显的水量增减，严重的冲淤变化或闸坝等影响。

3.6.7 编写水位资料整编说明书

水位资料整编说明书应简明扼要地说明本年水位观测和资料整理的情况。主要内容包括：水位观测方法，各时期的观测段次，水位观测设备的使用情况，水准点和水尺零点高程的校测考证情况，当年水情说明，资料整理中发现的问题及其处理情况，资料质量的评价和遗留问题等。

实训项目5　水位信息整理分析

实训任务：针对所提供的水位观测资料，根据《水文资料整编规范》的要求，进行水位信息数据整理与分析。

实训指导：

1. 日平均水位计算

已知某站某日水位记录见表3-2所列，试用面积包围法计算日平均水位。

表3-2　　　　　　　　　　　某站日平均水位计算表

时分	水位	时距	积数	总数	日平均水位
0：00	8.95				
4：06	89				
4：30	9.24				
5：30	36				
5：48	66				
8：00	87				
23：30	76				
24：00	50				

2. 逐日平均水位表编制

根据逐日平均水位可计算出月平均水位、年平均水位及保证率水位等统计数据，刊布在水文年鉴中，见表3-3所列。

表3-3　　　　　　　　　　　某河某站逐日平均水位统计表

年份：2009　　　测站编码：　　　　表内水位（冻结基面以上米数）+0.011m=珠江基面以上米数

日期\月份	一月	二月	三月	四月	五月	六月	七月	八月	九月	十月	十一月	十二月
1	0.35	0.23	0.28	0.40	0.64	0.98	1.10	1.92	0.34	0.27	0.21	0.22
2	37	14	31	57	51	82	06	51	37	21	19	32
3	39	-0.06	22	57	34	83	21	30	47	28	43	26
4	24	06	25	35	31	1.52	2.05	18	51	44	51	34
5	20	0.03	33	24	43	49	3.51	29	47	47	31	35
6	25	16	21	37	45	21	4.56	31	45	62	24	34
7	12	29	47	59	46	10	5.14	25	46	66	25	48

续表

月份 日期	一月	二月	三月	四月	五月	六月	七月	八月	九月	十月	十一月	十二月
8	07	28	49	52	46	13	20	16	45	59	23	37
9	18	29	34	56	46	12	4.64	0.87	49	57	17	14
10	24	27	48	60	41	03	3.81	71	64	54	11	00
11	45	32	53	50	37	10	2.96	61	65	64	12	−0.08
12	37	30	57	48	33	82	17	52	50	59	38	0.01
13	37	25	40	47	29	2.53	1.51	58	37	56	−0.01	02
14	42	10	22	40	36	67	11	55	60	37	0.08	07
15	37	05	44	43	40	26	0.89	52	1.15	37	36	29
16	34	11	25	54	32	1.80	78	51	0.76	42	29	14
17	13	33	10	53	25	53	75	54	71	32	03	29
18	−0.04	42	13	58	33	25	69	59	77	36	27	28
19	12	37	−0.02	55	65	03	1.06	62	64	37	29	30
20	0.11	01	07	35	1.10	00	15	63	64	36	10	22
21	16	20	0.06	29	2.04	00	20	59	58	44	04	11
22	−0.04	32	07	51	52	0.90	21	61	42	40	23	17
23	08	13	16	62	20	88	15	52	44	33	24	04
24	04	15	28	57	30	90	04	50	56	32	25	−0.06
25	20	15	29	71	37	1.03	0.89	46	54	35	12	15
26	15	16	34	1.12	20	32	78	34	43	34	04	13
27	11	35	41	19	1.97	46	77	25	54	42	02	0.08
28	18	32	37	0.98	82	42	84	17	61	34	05	−0.11
29	15		50	87	57	32	1.00	18	56	14	14	0.18
30	−0.03		53	75	34	22	62	31	50	13	14	13
31	07		44		24		2.19	28		25		23
月统计 平均	0.18	0.20	0.29	0.57	0.98	1.32		0.72	0.56	0.40	0.19	0.16
最高	1.26	1.13	1.29	1.79	2.71	2.77		2.09	2.12	1.32	1.28	1.16
日期	11	22	8	26	25	13		1	15	11	4	5
最低	−0.52	−0.50	−0.55	−0.15	−0.14	0.47		−0.24	−0.12	−0.37	−0.50	−0.62
日期	22	3	20	5	4	23		29	13	29	13	25
年统计	最高水位：					最低水位：				平均水位：		
	保证率水位：最高3.5　天　保证率											

情景4 流量信息采集与处理

流量是反映江河、湖泊、水库等水体径流量变化的基本资料，也是河流最重要的水文特征值。根据河流水情变化的特点，在设立的水文站上用各种测流方法进行流量测验取得实测数据，经过分析、计算和整理而得流量资料，用于研究江河流量变化的规律，为流域水利规划，各种水利工程的设计、施工、管理，防汛抗旱，水质监测及水源保护等工作服务。

4.1 基 本 概 念

4.1.1 径流表示方法

河川径流在一年内或多年期间的变化特性，称为径流情势，常用流量、径流量、径流深、径流模数（或称流量模数）、径流系数的大小来表示。这五个特征量之间可以相互转化。

1. 流量

单位时间内通过河流某一断面的水量称为流量，记为 Q，单位以 m^3/s 计。

$$Q = \int_0^A v \mathrm{d}A \tag{4-1}$$

式中　A——水道断面面积，$\mathrm{d}A$ 则为 A 内的单元面积，m^2；

　　　v——垂直于 $\mathrm{d}A$ 的流速，m/s。

2. 径流量

径流量是指时段 T 内通过河流某一断面的总水量，记为 W，单位常以 m^3、万 m^3、亿 m^3 计。计算公式为

$$W = \overline{Q}T \tag{4-2}$$

式中　W——时段 T 内的径流量，m^3；

　　　$\overline{Q}$——计算时段内平均流量，m^3/s；

　　　T——计算时段，s。

3. 径流深

将径流量平铺在整个流域面积上所得的水层深度，记为 R，以 mm 计，按下式计算：

$$R = \frac{W}{1000F} \tag{4-3}$$

式中　R——时段 T 内的径流深，mm；

　　　F——流域面积，km^2。

4. 径流模数

流域出口断面流量与流域面积之比称为径流模数，记为 M，以 $L/(s \cdot km^2)$ 计，按下式计算：

$$M = \frac{1000Q}{F} \qquad (4-4)$$

随着对 Q 赋予的不同意义，径流模数也有不同的含义。如 Q 为洪峰流量，相应的 M 为洪峰流量模数；Q 为多年平均流量，相应的 M 为多年平均流量模数等。

5. 径流系数

某一时段的径流深 R 与相应时段内流域平均降雨深度 P 之比值称为径流系数，记为 α，按下式计算：

$$\alpha = \frac{R}{P} \qquad (4-5)$$

4.1.2 流量概念

1. 流量模

由于江河中的流速分布沿水平和垂直方向都是各不相同的，所以在单位时间内流过断面的水体是不规则的体积。它是一个以横断面为垂直平面，水流表面为水平面，流速为高而形成的曲面所包围的体积。这就是一般习称的流量模型，简称流量模。

2. 单位流量

单位时间（s）内，水流通过某一过水断面上单位面积的体积称为单位流量，从物理意义上讲，它是垂直于断面的单点流速与单位面积的乘积，其表达式如下

$$q_d = \Delta a V_d = V_d \qquad (4-6)$$

或

$$q_d = \Delta a V_y \cos\theta \cos\alpha \qquad (4-7)$$

$$\Delta a = 1, \quad q_d = V_y \cos\theta \cos\alpha$$

式中　Δa——单位面积，m^2；

　　　V_d——垂直于 Δa 的流速，m/s；

　　　V_y——斜向流速，m/s；

　　　a——V_y 的水平偏角；

　　　θ——V_y 的垂直偏角。

3. 单宽流量

单位时间（s）内，流过断面上单位宽度的狭条面积（a_m）的水量称为单宽流量（q_m），单位为 m^2/s。用积分法表示为

$$q_m = \Delta b \int_0^d V_d dy \qquad (4-8)$$

用近似法表示为 $q_m = a_m V_m = \Delta b d V_m$，因为 $\Delta b = 1$，所以上式为

$$q_m = \int_0^d V_d dy \qquad (4-9)$$

或

$$q_m = d V_m \qquad (4-10)$$

式中　d——垂线水深，m

V_m——垂线平均流速，m/s。

4. 单深流量

单位时间（s）内，通过断面水面以下任意点处的单位深度（$\Delta d = 1$）内沿断面水平方向长条面积（a'）上的水量，称为单深流量（q_y），单位为 m^2/s。用积分法表示为

$$q_y = \Delta d \int_0^{B_i} V_d \, dx = \int_0^{B_i} V_d \, dx \qquad (4-11)$$

用近似法表示为

$$q_y = a' V_{mb} = \Delta d B_i V_{mb} = B_i V_{mb} \qquad (4-12)$$

式中　B_i——Δd 所在水层的断面平均宽，m；

　　　V_{mb}——Δd 所在水层沿断面水平线的平均流速，m/s。

5. 部分流量

将某一过水断面分割为若干部分，则通过各部分面积上的流量都称为部分流量（q_y）。用积分法表示为

$$q_i = \int_0^{b_{i+1}} q_{mx} \, dx \qquad (4-13)$$

用近似法表示为

$$q_i = q_{mx} b_x = d_{mx} V_{mx} b_x \qquad (4-14)$$

式中　d_{mx}——部分平均水深，m；

　　　V_{mx}——部分平均流速，m/s；

　　　b_x——部分河宽，m。

4.2　流　量　观　测　方　法

江河流量测验的方法很多，按工作原理划分有四大类，即流速面积法、水力学法、化学法和物理法。流量极小的山涧小沟常采用直接法，包括容积法和重量法。实际测流时，在保证资料精度和测验安全的前提下，根据具体情况，因时因地选用不同测流方法或几种测流方法配合使用。

4.2.1　流速面积法

它通过实测断面上的流速和水道断面面积来推求流量，是目前国内外广泛使用的主要方法。其特点是按一定原则，沿河宽取若干垂线，将过水断面划分为若干部分，在各垂线上施测流速，计算垂线平均流速，再与部分面积相乘得部分流量。各部分流量之和即为全断面流量。

根据测定平均流速的方法不同，又可分为积点法、积分法和浮标法。

积点法是将流速仪停留在垂线的预定点上，进行逐点测速的方法。目前普遍用它作为检验其他方法测验精度的基本方法。

流速仪以运动的方式测取垂线或断面平均流速的测速方法，叫积分法。根据流速仪运动形式的不同，可分为积深法、积宽法和动船法等。积深法测速，是将仪器以某一固定速

度沿垂线均匀移动（从河面到河底，或从河底至水面）测取平均流速。由于积深法具有快速简便，并达到一定精度等优点，国内已有不少研究成果。积宽法测速，是将流速仪放在预定的水深位置，沿断面线等移动，连续进行全断面测速。动船法测速，是将一特制的能读瞬时流速的流速仪置于船头一定水深（0.4～1.2m）处，测船沿着预定航线横渡河面进行测量的方法。此法适用于大江大河（河宽大于300m，水深大于2m）的流量测验；特别适用于不稳定流的河口河段、洪水泛滥期，以及巡测或临测、水资源调查、河床演变观测中汊道河段的分流比的流量测验。

浮标法是利用水上标志物显示流速的测流方法，按形状分为双浮标、浮杆、积深浮标、水面浮标等。

4.2.2 水力学法

测量水力因素，代入适当的水力学公式算出流量的方法，称为水力学测流法。可分为三种类型：测流建筑物、水工建筑物及比降—面积法。

在明渠或天然河道上专门修建的测量流量的水工建筑物叫测流建筑物。它是通过实验按水力学原理设计的，建筑物尺寸要求准确，工艺要求严格，因此系数稳定，测量精度高。通过建筑物控制断面的流量，是堰上水头和率定系数的函数，率定系数与控制断面形状、大小及行近水槽的水力特征有关，系数是通过模型实验和试验对比求出的。因此只要测得堰上水头，即可求得所需流量。测流建筑物的形式很多，概括分为两类。一类为测流堰，包括薄壁堰、三角形剖面堰、宽顶堰等；另一类为测流槽，包括文德里槽、驻波水槽、自由溢流槽等。

河流上各种形式的水工建筑物，如堰闸、涵管、水电站和抽水站等，它们不但是控制与调节江湖水量的水工建筑物，也可用作水文测验的测流建筑物。只要合理选择有关水力学公式和参数，有水位就可以求得过闸流量。

比降面积法通过测量上下两水尺的水位求出比降，选用水力学公式算出流速，如断面面积已知，流量就可以求得。由于糙率不易选准确，所以这种方法一般只作为调查估算之用。

4.2.3 化学法

化学法又叫稀释法、溶液法、混合法及离子法等。从物质不灭原理出发，将一定浓度已知量的指示剂注入河水中，由于扩散稀释后的浓度与水流的流量成反比，所以测定水中指示剂的浓度，就可算出流量。

化学法适于乱石壅塞、水流湍急，不能用流速仪测流的地方使用，而且不需测断面面积，只观测水位就行了。化学法所用溶液指示剂，主要有重铬酸钾、同位素、食盐、颜色染料、荧光染料等。

4.2.4 物理法

物理法是利用某种物理量在水中的变化来测定流速。归纳起来可分为超声波法、电磁法及光学法三大类型。

超声波法又分为时差法、波束偏转法和多普勒法。

ADCP 是一种利用声学多普勒原理测量水流速度剖面的仪器。其英文全称为"Acoustic Doppler Current Profiler",中文通常译为"声学多普勒流速剖面仪"。整个测量系统包括三个主要部分:①ADCP;②电脑;③数据采集软件。ADCP 通过跟踪水体中颗粒物的运动(称为"水跟踪")所测量的速度是水流相对于 ADCP(也即 ADCP 安装平台)的速度。在进行流量测量作业中,ADCP 实时测出水体相对于作业船的速度和作业船相对于河底的速度(即船速)。水体的真实流速则由相对速度减去船速(矢量差)来得到。ADCP 同时还测出水深(类似于声呐测深)。这些数据(包括流速、船速、水深)由电脑在系统操作软件控制下实时采集处理,并实时计算每一微断面的流量,当作业船沿某断面从河一侧驶至另一侧时,即给出河流流量。它比传统的河流流量测量方法提高效率几十倍,标志着河流流量测量的现代化。

电磁法测流是在河底安设若干个线圈(或铺设电缆),线圈通入电流后即产生磁场。磁力线与水流方向垂直。当河水流过线圈,就是运动着的导电体切割与之垂直的磁力线,会产生电动势,其值与水流速度成正比。只要测得两极的电位差,就可以求得断面平均流速。

光学法测流目前有两种类型,一种是利用频闪效应,另一种是用激光多普勒效应。频闪效应是在高处用特制望远镜观测水的流动,调节电机转速,使反光镜移动速度和水流速度趋于同步,镜中观测的水面波动逐渐减弱;当水面呈静止状态时,即在转速计上读出摆动镜的角度。如仪器光学轴至水面的垂直距离已知,用三角关系即可算得流速数值。激光法测速是将激光射向所测范围,经水中细弱质点散射形成低强信号,通过光学系统装置来检测散射光,可得到两个多普勒信号,从而可推算流速。

4.3 流量测验的工作内容

测流工作尽管方法繁多,但内容上基本一致,现以流速仪测流工作为例进行介绍。

(1)准备工作。测流前除对仪器测具进行检查准备外,还应对水情和本测次的要求有所了解,以便正确决定测验方法和相应措施,从而做到方法正确、测验及时、精度可靠。

(2)水位观测。除测流开始和终了观测外,在水位涨落急剧时,应根据计算相应水位的需要增加测次。

(3)水道断面测量。包括各测线及两岸水边起点距的测量,各垂线水深的测量。当悬索偏角大于 10°时,要测量悬索偏角。

(4)流速测量。在各垂线上测量所需的各点流速,如流向与断面垂直线的偏角大于10°时,应测量流向。

(5)现场检查。测验时对水深、流速纵横向分布逐线逐点作合理性检查,这是保证成果精度的重要一环。

(6)计算、整理。测量成果要现场计算,及时整理,并作综合合理检查,评定精度。

4.4 流量信息整理分析

实测流量资料是一种不连续的原始水文资料,一般不能满足国民经济各部门对流量资料的要求。流量数据处理就是对原始流量资料按科学方法和统一的技术标准与格式进行整理、分析、统计、审查、汇编和刊印的全部工作，以便得到具有足够精度的、系统的、连续的流量资料。

河道流量数据处理工作的主要内容是：①编制实测流量成果表和实测大断面成果表；②绘制水位—流量、水位—面积、水位—流速关系曲线；③水位—流量关系曲线分析和检验；④数据整理；⑤整编逐日平均流量表及洪水水文要素摘录表；⑥绘制逐时或逐日平均流量过程线；⑦单站合理性检查；⑧编制河道流量资料整编说明表。

4.4.1 水位—流量关系分析

一个测站的水位—流量关系，是指测站基本水尺断面处的水位与通过该断面的流量之间的关系。水位—流量关系可分为稳定和不稳定两类，它们的性质可以通过水位—流量关系曲线分析得出。

1. 稳定的水位—流量关系

稳定的水位—流量关系是指同一水位只有一个相应流量，其关系呈单一的曲线，并应满足水力学中的曼宁公式：

$$\overline{V} = \frac{1}{n} R^{\frac{2}{3}} s^{\frac{1}{2}} \tag{4-15}$$

和

$$Q = A\overline{V} \tag{4-16}$$

式中　Q——流量，m^3/s；

　　　A——断面面积，m^2；

　　　$\overline{V}$——断面平均流速，m/s；

　　　n——河床糙率；

　　　R——水力半径，m，通常用平均水深 d 代替；

　　　s——水面比降。

上述公式表明，要使水位—流量关系保持稳定，必须在同一水位下，断面面积 A、水力半径 R、河床糙率 n 和水面比降 s 等因素均保持不变，或者各因素虽有变化，但对流量的影响能互相补偿。

由此可见，在测站控制良好、河床稳定的情况下，该测站的水位—流量可以保持稳定的单一关系，点绘出的水位—流量关系曲线，其点据比较密集，分布成一带状，没有系统的偏差。作图时，以同一水位为纵坐标，自左至右，依此以流量、面积、流速为横坐标点绘于坐标纸上，选定适当比例尺，使水位—流量、水位—面积、水位—流速关系曲线分别与横坐标大致成

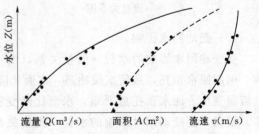

图 4-1　稳定的水位—流量、水位—面积、
水位—流速关系曲线

45°、60°、60°的交角，并使三曲线互不相交，如图 4-1 所示。在稳定的水位—流量关系曲线上，由已知的水位过程便可求得相应的流量过程。

2. 不稳定的水位—流量关系

在天然河道里，测流断面各项水力因素的变化对水位—流量关系的影响不能相互补偿，水位—流量关系难以保持稳定。因此，同一水位不同时期断面通过的流量不是一个定值，点绘出的水位—流量关系曲线，其点据分布比较散乱。一般说来，天然河道的水位—流量关系是不稳定的，其原因是：

（1）河槽冲淤影响。

受冲淤影响的水位—流量关系，由于同一水位的断面面积增大或减小，使水位—流量关系受到断面冲淤变化的影响。当河槽受冲时，断面面积增大，同一水位的流量变大；当河槽淤积时，断面面积减小，同一水位的流量变小，如图4-2所示。

若冲淤时段有规律，水位—流量关系能保持稳定状态，则可分别确定不同时段的水位—流量关系曲线，从各自相应时段的水位—流量关系曲线上，由水位推求相应的流量。

（2）洪水涨落影响。

受洪水涨落影响的水位—流量关系，受洪水涨落影响时，由于洪水波产生附加比降的影响，使洪水过程的流速与同水位下稳定流相比，涨水时流速增大，流量也增大；落水时，则相反。即涨水点偏右，落水点偏左，峰、谷点居中，一次洪水过程的水位—流量关系曲线依时序形成一条逆时针方向的绳套曲线，如图4-3所示。

受洪水涨落影响的水位—流量关系可按涨落过程定线，然后由水位推求流量。

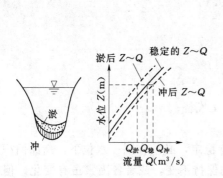
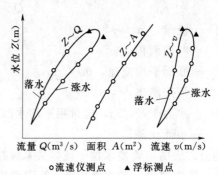

图4-2　受河槽冲淤影响的水位—　　　　图4-3　受洪水涨落影响的水位—
　　　　　流量关系图　　　　　　　　　　　　　　流量关系图

（3）变动回水影响。

受变动回水影响的水位—流量关系，由于受下游干支流涨水，或下游闸门关闭等影响，引起回水顶托，致使水位抬高，水面比降变小，与不受回水顶托影响比较，同水位下的流量变小。回水顶托愈严重，水面比降变得愈小，同水位的流量较稳定流时减少得愈多。所以，受变动回水影响的水位—流量关系点据偏向稳定的水位—流量关系曲线的左边，如图4-4所示。

在受变动回水影响下，可以比降为参数确定出一组水位—流量关系曲线，以备由水位推求流量时使用。

（4）水生植物影响。

受水生植物影响的水位—流量关系，在水生植物生长期，过水面积减小，糙率增大，

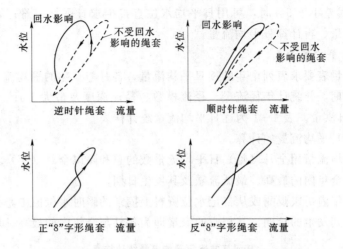

图 4-4 受变动回水影响的水位—流量关系图

水位—流量关系点据逐渐左移；在水生植物衰枯期，水位—流量关系点据则逐渐右移。

（5）结冰影响。

受结冰影响的水位—流量关系，水位—流量关系点据的分布，总的趋势是偏在畅流期水位—流量关系曲线的左边。

上述影响因素往往是同时存在，称为受混合因素影响的水位—流量关系。在混合因素的影响下，随着起主导作用的某种主要因素的变化，其水位—流量关系点据亦随之变化。

4.4.2 逐日平均流量的计算

当水位—流量关系曲线确定后，便可用数表（即水位—流量表）的方式将两者的关系定下来，以便由水位通过数表查读流量。在此基础上便可编制逐日平均流量表。

1. 水位—流量关系表的编制

凡使用时段较长的水位（或其他水力要素）与流量（或流量系数）关系曲线，应编制水位—流量关系表或其他推流检数表。

制表时，所有内插的流量与曲线的偏差，在曲线的上中部应不超过1%，下部不超过3%。表上的流量增量，正常情况下随水位增高而逐渐增大。换用曲线前后的流量应衔接，低水放大曲线接头处的流量必须一致。

2. 日平均流量的推求

（1）用日平均水位推求日平均流量。

当水位—流量关系曲线较为平直，水位及其他有关水力因素在一日内变化平缓时，可根据日平均水位直接推求日平均流量。

（2）用逐时水位推求逐时流量，再计算日平均流量。

计算日平均流量可选用算术平均法或面积包围法。具体计算方法与日平均水位推求方法相似，故不再重述。

上述两种方法的选用标准，用误差的控制指标来决定。若用日平均水位直接推求的日平均流量，与用算术平均法或面积包围法推求的流量相比，当高、中水位时误差小于

2%，低水位时误差小于 5%时，可用日平均水位直接推求日平均流量；否则，应按逐时水位推求逐时流量，再计算日平均流量。

3．编制逐日平均流量表

逐日平均流量表要求表列全年的逐日平均流量，各月与全年的平均流量和最高、最低流量及其发生日期，并统计年径流量、径流模数、径流深度及最大 1 日、3 日、7 日、15 日、30 日、60 日洪量。表 4-1 为逐日平均流量统计样表。

（1）月（年）平均流量的计算。

月（年）平均流量用全月（年）日平均流量数的总和除以全月（年）天数求得。

（2）各月与全年内的最高、最低流量及其发生日期。

从各月与全年内历次观测或从自记水位资料上摘录的瞬时水位值中，挑选出最高和最低水位，并记录其发生的日期，其相应的流量即为各月与全年内的最高、最低流量。

表 4-1　　　　　　　　某河某站逐日平均流量统计样表

年份：　　　　测站编码：　　　　流量：　　　（m³/s）　　集水面积：　　　（km²）

日期 \ 月份	一月	二月	三月	四月	五月	六月	七月	八月	九月	十月	十一月	十二月
1												
2												
3												
4												
5												
⋮												
30												
31												
月统计 平均最高日期最低日期												
年统计	最大流量：　　m³/s 月　日　　最小流量：　　m³/s 月　日　　平均流量：　　m³/s 径流量：　　10⁴（10⁸）m³　　径流模数：　　10⁻³m³/（s·km²）　　径流深度：　　mm											
洪量 [10⁴（10⁸）m³] 洪量日期	最大 1 日：　　3 日：　　7 日：　　15 日：　　30 日：　　60 日： 月　　　　日　　　　月　　　　日　　　　月　　　　日											
附注												

4.4.3　编制洪水流量摘录表

洪水流量摘录表是"洪水水文要素（水位、流量、含沙量）摘录表"中的一部分（表 4-2）。一般应摘录出全年中各次大型洪峰和具有代表性的中小洪峰过程，包括洪水流量最大、洪水总量最大的洪峰，含沙量最大、输沙量最大的洪峰，孤立洪峰，连续洪峰或特殊峰形的洪峰，汛初第一个峰和汛末较大的峰，久旱之后出现的峰，较大的春汛、凌汛和非汛期出现的较大峰。对于大江大河和平原型河流测站，如出现不易明显划分的长历时连续洪峰，可全汛期摘录。摘录的点次应能保持洪峰过程的原峰形不变。分峰摘录时应从起涨点稍前摘至本次洪峰落平时为止。

为了便于检查和进行水文分析研究，上下游站和干支流站应配套摘录，即以下游站选摘的各种类型洪峰为"基本峰",上游站和区间支流出口站出现的相应洪峰为"配套峰",作彼此呼应的摘录。对于各主要大峰,应在全河或相当长河段内作上下游配套摘录;一般洪峰,至少应按相邻站"上配下"原则摘录。

对于暴雨洪水,还要求洪峰与降水资料配套摘录。

表 4-2   某河某站洪水水文要素摘录统计样表

年份: 测站编码: 共 页   第 页

月	日	时	分	水位 (m)	流量 (m³/s)	含沙量 [g(kg)/m³]	月	日	时	分	水位 (m)	流量 (m³/s)	含沙量 [g(kg)/m³]

4.4.4 流量整编成果的合理性检查

流量整编成果的合理性检查,就是通过各种水文要素的时空分布规律,进一步论证整编成果的合理性,并从中发现整编成果中的问题,予以妥善处理,以保证整编成果的质量,同时,对未来测验工作提出改进意见或建议。具体检查方法有单站检查和综合性检查两类。

1. 单站合理性检查

单站合理性检查,就是通过本站当年各主要水文要素的对照分析和对本站历年水流量关系的比较,以确定当年整编成果的合理性。

(1) 历年水位—流量关系曲线的对照分析。

水位—流量关系曲线是河段水力特性和测站特性的综合反映。首先,将历年(要求近10年)和本年水位—流量、水位—面积、水位—流速三条关系曲线均绘于同一图上,并注明年份,流量变幅大的,应点绘低水放大图,用以检查低水曲线。用临时曲线法的站,可只绘变幅最大及最左、最右边的曲线。用改正水位、改正系数法定线推流的站及单值化关系曲线,可只绘制各年标准曲线或校正曲线,

其次,对绘制的关系曲线进行检查对照。通常,从综合历年水位—流量关系图上可看出曲线的变化趋势。高水控制较好,冲淤或回水影响不严重时,历年水位—流量关系曲线高水部分的趋势,应基本一致。历年水位—流量关系曲线低水部分的变化,应该是连续的,相邻年份年头年尾应该衔接或接近一致。水情相似年份的水位—流量关系曲线,其变动程度相似。用相同方法处理的单值化曲线,其趋势是相似的。

(2) 流量过程线与水位过程线的对照分析。

首先,将水位、流量过程线绘在同一图上。必要时在流量过程线图上绘入各实测流量点子,在水位过程线图上绘入各实测流量的相应水位点子。然后,进行检查。除冲淤特别严重或受变动回水影响及其他特殊因素影响外,两种过程线的变化趋势应一致,峰形一般应相似,峰、谷相应。流量过程线上的实测点,不应呈明显系统偏离,水位过程线上的实测流量点应与过程线基本吻合。

在上述的对照分析中,如发现反常情况,应从推流所用的水位、方法、曲线的点绘和计算等方面进行检查。对中、小河流站,或发现资料有问题,须加引证的站,应进行降水

与径流关系的对照检查。

2．综合的合理性检查

综合的合理性检查，是对流域或区域内各站整编成果的全面对照分析检查，一般主要是利用上下游或流域上各水文要素间的相关或成因联系，来判断各站流量资料的合理性。

（1）上下游洪峰流量过程线及洪水总量对照。

这种检查是针对汛期一次洪水过程所作的对照检查。通过绘制"洪水期综合逐时流量过程线"（即将上、下游各站流量过程线以同一比例尺绘在一起）及"各站洪水总量对照表"，便可着重检查洪水沿河长演进时，上下游流量过程是否相应；洪峰流量沿河长的变化规律及其时间是否相应；在考虑到区间来水与河槽调蓄作用等因素后，检查一次洪水的总量是否基本平衡。

（2）上下游日平均流量过程线对照。

一般来说，上下游站日平均流量的变化具有良好的相似性，这可以通过绘制上下游逐日平均流量过程线来全面、综合地进行检查。冰期流量对照分析时，还应参照冰情记录进行检查。

（3）上下游水量对照。

这种检查是以水量平衡原理为基础，对上下游站较长时段（如月、年）的总水量进行列表对照分析。若区间面积较大，可根据区间面积及附近相似地区的径流模数（单位面积的产流量）来推算区间月、年平均径流量，然后将上游站径流量与区间径流量相加，再与下游站进行比较，以检查它们是否保持平衡。

水量平衡检查不仅可以在河道站流量资料综合分析中应用，在水库站、泥沙站的水、沙平衡分析中也有广泛的使用价值。

此外，利用降雨径流关系的分析也可对流量资料进行综合性检查。这种方法是从径流成因角度出发，通过降水后的产汇流分析，达到检查流量资料的目的。

流量整编成果经最后审定后，还须写出审查总结和整编说明书，对当年的测站情况、测次安排、测验方法、测站控制变动及水情概况等作出交代和评介，并对测验和整编中出现的问题及其处理方法加以说明，特别是对突出点的分析、批判和处理与推流方法的选择更应详细论述和交代，以便作为日后应用时参考。

实训项目6 流速面积法测流

实训任务：掌握流速仪安装与使用，完成流速仪测流及计算。

实训设备：流速仪、秒表、流量计算表等。

实训指导：流速面积法是用流速仪测定水流速度，并由流速与断面面积的乘积来推求流量的方法。它是目前国内外广泛使用的测流方法，也是最基本的测流方法。在我国，流速仪法被作为各类精度站的常规测流方法，其测量成果可作为率定或校核其他测流方法的标准。

1. 测流原理

由于河流过水断面的形态、河床表面特性、河底纵坡、河道弯曲情况以及冰情等，都对断面内各点流速产生影响，因此在过水断面上，流速随水平及垂直方向的位置不同而变化，从水平方向看，中间流速大，两岸流速小；从水深方向看，河床流速最小，如图4-5所示，即 $v=f(b, h)$。其中 v 为断面上某一点的流速，b 为该点至水边的水平距离，h 为该点至水面的垂直距离。因此，通过全断面的流量 Q 为：

$$Q = \int_0^A v\mathrm{d}A = \int_0^B \int_0^H f(b,h)\mathrm{d}h\mathrm{d}b \qquad (4-17)$$

式中　A——水道断面面积，$\mathrm{d}A$ 则为 A 内的单元面积（其宽为 $\mathrm{d}b$，高为 $\mathrm{d}h$），m^2；

v——垂直于 $\mathrm{d}A$ 的流速，$\mathrm{m/s}$；

B——水面宽度，m；

H——水深，m。

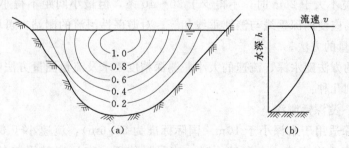

图4-5 流速分布图

(a) 断面等流速线图；(b) 垂线流速分布图

因为 $v=f(b, h)$ 的关系复杂，目前尚不能用数学公式表达，实际工作中把上述积公式变成有限差分的形式来推求流量。流速仪法测流，就是将水道断面划分为若干部分，用普通测量方法测算出各部分断面的面积，用流速仪施测流速并计算出各部分面积上的平均流速，两者的乘积，称为部分流量，各部分流量的和为全断面的流量，即：

$$Q = \sum_{i=1}^{n} q_i \qquad\qquad (4-18)$$

式中 q_i——第 i 个部分的部分流量，m^3/s；

　　　n——部分的个数。

需要注意的是，实际测流时不可能将部分面积分成无限多，而是分成有限个部分，所以实测值只是逼近真值；河道测流需时间较长，不能在瞬时完成，因此实测流量是时段的平均值。

由此可见，流量测量工作实质上是测量横断面和测量流速两部分工作组成。具体内容为：沿测流横断面的各条垂线，测定其起点距和水深；在各测速垂线上测量各点的流速，在有斜流时加测流向；观测水位、水面纵比降（根据需要确定）及其他有关情况，如天气现象、河段及其附近河流情况；计算、检查和分析实测流量及有关水文要素。

2. 断面测量

断面测量是流量测验工作的重要组成部分，包括测量水深、起点距和水位。

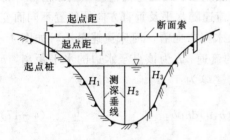

图 4-6　断面测量示意

在断面上布设一定数量的测深垂线，如图 4-6 所示，施测各条垂线的起点距和水深，并观测水位，用施测时的水位减去水深，即得各测深垂线处的河底高程。

（1）水深测量。

1）测深垂线的布设。

测深垂线的位置，应根据断面情况布设于河床变化的转折处，并且主槽较密，滩地较稀，大致均匀。为了摸清水道断面形状，对于新设的水文站，大断面测量测深垂线数的布设，应在水位平稳时期，对水深沿河宽进行连续施测。当水面宽大于 25m 时，垂线数目不少于 50 条；当水面宽不大于 25m 时，不得少于 30～40 条，但最小间距不得小于 0.5m。一般水道断面测量，应使测深垂线与测速垂线相等；对游荡性河流的测站，可增加测深垂线。

2）水深测量的方法。

测量水深的方法随水深、流速的大小，测深精度要求及流量测量方法的不同而异，常用的方法有下列几种：

a. 测深杆、测深锤测深。

测深杆测深适用于水深小于 10m（国际标准为 5～6m），流速小于 3.0m/s 的河流。其测深精度较高，当流速、水深较小时，应尽量使用。在河底较平整的测站，每条垂线应连测 2 次，其不符合值如不超过最小读数的 2%，则取其平均值。超过 2%，应增加测次。

当水深、流速较大时，可用测深锤测深。测深锤重量一般为 5～10kg，随水深、流速大小而定。每条垂线施测 2 次水深，取其平均值，2 次测量的不符合值不应超过最小读数的 3%。河道不平稳时，不应超过 5%。否则，应适当增加测次，取多次测量的平均值。

b. 铅鱼测深。

有缆道或水文绞车设备的测站，可将铅鱼悬吊在缆道或水文绞车上测深。水深读数可在绞车的计数器上读取。铅鱼的重量及钢丝悬索的直径应根据水深、流速的大小及过河、起重设备的荷载能力确定。测深精度与测深锤测深相同。

c. 超声波测深仪测深。

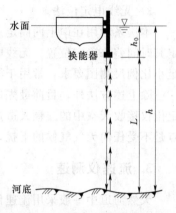

超声波测深仪测深的基本原理是：利用超声波具有定向反射的特性，使超声波从发射到回收，根据声波在水中的传播速度和往返经过的时间计算水深。如图4-7所示，超声波自换能器发射到达河底又反射回到换能器，声波所经过的距离为$2L$，超声波的传播速度c可根据经验公式计算。当测得超声波往返的传播时间为t时，可得$L=0.5ct$。

从图中可知，水深

$$h=h_0+L \qquad (4-19)$$

图4-7 超声波测深仪原理图

式中　　h——水深，m；

h_0——换能器吃水深，m；

L——换能器至河底的垂直距离，m。

在式（4-19）中，h_0为已知，只要精确测定超声波传播往返的时间t，便可求出水深。

超声波测深仪适用于水深较大，含沙量较小，泡漩、可溶固体、悬浮物不多时的江河、湖泊、水库的水深测量。使用超声波测深仪前应进行现场比测，测点应不少于30个，并均匀分布在所需测深变幅内，比测随机不确定度不大于2%，系统误差不大于1%时方可使用。在使用过程中，还应定期比测，每年不少于2~3次。

超声波测深仪具有精度好，工效高，适应性强，劳动强度小，且不易受天气、潮汐和流速大小的限制等优点。但在含沙量大或河床是淤泥质组成时，记录不清晰，不宜使用。

（2）起点距的测定。

起点距是指测验断面上的固定起始点至某一垂线的水平距离。大断面和水道断面上各垂线的起点距，均以高水时基线上的断面桩（一般为左岸桩）作为起算零点。测定起点距的方法很多，有直接量距法、建筑物标志法、地面标志法、计数器测距法、仪器测角交会法及无线电定位法等。这里主要介绍断面索法、仪器测角交会法及无线电定位法。

1）断面索法。

断面索法是在断面上架设钢丝缆索，每隔适当距离做上标记，并事先测量好它们的位置，测量水深的同时，直接在断面索上读出起点距。这种方法适合于河宽较小，水上交通不多，有条件架设断面索的河道测站，精度较高。

2）仪器测角交会法。

仪器测角交会法包括经纬仪交会法、平板仪交会法及六分仪交会法，其基本原理是相同的。当河道较宽时，岸上与船上联络困难，风浪较大时用经纬仪瞄准河中活动的目标，施测有些困难，此时可使用六分仪交会法，它的主要特点是借助于两平面镜的反射作用，由望远镜同时窥视两物体，并测其夹角。测量时，施测人员全部上船，不用支架，只需手握仪器即可测角，也能在摇动的船上使用，因此水文勘测中经常使用。

3) 无线电定位法。

本法系利用在岸上两固定点的电台发射脉冲电波到达船上接收机的时间先后，通过测定其时间差来确定位置。无线电定位法受地形、天气的影响较小，测量范围广，精度能满足小比例尺测图要求，常用于海上或江面宽阔的大江河及河口的定位。

除上述方法外，目前最先进的是用全球定位系统（GPS）定位的方法，它是利用全球定位仪接收天空中的三颗人造定点卫星的特定信号来确定其在地球上所处位置的坐标，优点是不受任何天气气候的干扰，可 24h 连续施测，且快速、方便、准确。

3. 流速仪测速

天然河道中一般采用流速仪法测定水流的流速。它是国内外广泛使用的测流速方法，是评定各种测流新方法精度的衡量标准。

（1）流速仪。

流速仪是用来测定水流运动速率的仪器。流速仪的种类很多，可归纳为转子式流速仪和非转子式流速仪两大类。主要有：

转子式流速仪：它是一种具有一个转子的流速仪。转子绕着水流方向的垂直轴或水平轴转动，其转速与周围流体的局部流速成单值对应关系。

超声波流速仪：它是利用超声波在水流中的传播特性来测定一组或多组换能器同水层的平均流速的仪器。

电磁流速仪：它是利用电磁感应原理，根据流体切割磁场所产生的感应电势与流体速度成正比的关系而制成的仪器。

光学流速仪：它是利用光学原理使测速旋转部分和水流速度同步而测出相应的水流速度的仪器。

电波流速仪：它是一种向水面发射与接收无线电波，利用其频率变化与流体速度成正比的关系而制成的仪器。

1) 转子式流速仪结构。

转子式流速仪有旋杯式和旋桨式两种（图 4-8、图 4-9）。仪器由旋转部件、身架部件和尾翼三部分组成。其中旋转部件包括感应部分、支承系统和传讯机构三个主要部件，旋桨绕着与水流方向平行的轴转动，其转速与周围流体的局部流速成单值对应关系。身架部件为支承仪器工作和悬吊设备相关的部件。尾翼安装在身架上，它的作用是使仪器保持平衡和正对水流。

旋杯式流速仪结构简单，使用方便，但它的转轴垂直，容易漏水进沙，因此适用于含沙量较小的河流。旋桨式流速仪为水平转轴，结构精密，性能完善，有几种不同曲度的旋桨，可根据不同流速来选用，测速范围较广，沙、水不易进入，能在水流条件复杂的多沙河流中使用。

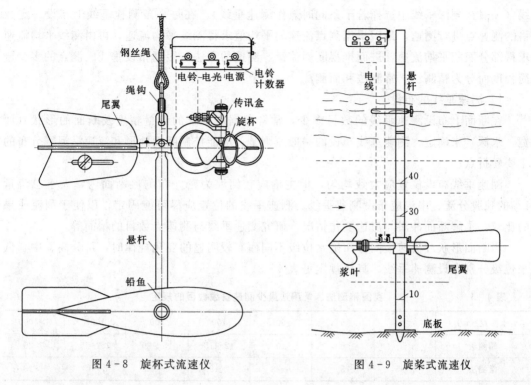

图 4-8　旋杯式流速仪　　　　图 4-9　旋桨式流速仪

2）转子式流速仪的工作原理。

当流速仪放入水流中，水流作用到流速仪的转子时，由于它们在迎水面的各部分受到水压力不同而产生压力差，以致形成一转动力矩，使转子产生转动，流速仪转子的转速 n 与水流速度 v 成函数关系 $v=f(n)$。此时水流同时带动转轴转动，在装有信号的电路上发出讯号，便可知道在一定时间内的旋转次数，流速愈大，转轴转得愈快，通过测定转子的转速而推算流速。

目前是由厂家在仪器出厂之前，把流速仪放在特定的检定水槽里，通过实验方法来确定流速与转速间的函数关系。关系式如下：

$$v=K\frac{N}{T}+C \qquad\qquad (4-20)$$

式中　K——水力螺距，表示流速仪的转子旋转一周时，水质点的行程长度；

　　　N——流速仪在测速历时 T 内的总转数，一般是根据讯号数，再乘上每一讯号所代表的转数求得；

　　　T——测速历时，为了消除水流脉动的影响，测速历时一般不应少于 100s；

　　　C——附加常数，表示仪器在高速部分内部各运动件之间的摩阻，称仪器的摩阻常数。

式（4-20）中，系数 K、C 是通过水槽试验事先率定的。因此在野外测量时，只要测量仪器转子在一定历时 T 内的转数 N，就可以计算出流速 v。

（2）流速测量。

流速仪只能测得某点的流速，为了求得断面平均流速，首先在断面上布设一些测速垂线（一般在测深垂线中选择若干条同时兼作测速垂线），在每一条测速垂线上布设一定数目的测速点进行测速，最后根据测点流速的平均值求得测线平均流速，再由测线平均流速求得部分面积平均流速，进而推得断面流量。测速的方法，根据布设垂线、测点的多少繁简程度而分为精测法、常测法和简测法。

1）测速垂线的布设。

在断面上布设测速垂线的数目多少，常常根据所要求的流量精度及断面的形状（河宽、水深）来确定。测速垂线布设的一般原则是：应能控制断面地形和流速沿河宽分布的主要转折点。

测速垂线布设位置应大致均匀，但主槽应较河滩为密。在测流断面内，大于总流量1‰的独股分流、串沟应布设测速垂线。测速垂线的位置应尽可能固定，以便于测流成果的比较，了解断面冲淤与流速变化情况，研究测速垂线与测速点数目的精简等。

当断面形状或流速横向分布随水位级不同而有较明显的变化规律时，可分高、中、低水位级分别布设测速垂线。具体规定见表4-3。

表4-3　　　　　　　　　我国精测法、常测法最少测速垂线数目的规定

水面宽（m）	<5	5	50	100	300	1000	>1000
精测法	5	6	10	12~15	15~20	15~25	>25
常测法	3~5	5	6~8	7~9	8~13	8~13	>13

2）积点法测速。

根据测速方法的不同，流速仪法测流可分为积点法、积深法和积宽法。这里只讨论最常用的积点法测速。

a. 测速点选择。

测速垂线上测速点的数目是根据流量精度的要求，水深，悬吊流速仪的方式，节省人力和时间等情况而定。

根据规范，不同水深条件下的测点数目要求如下：

- 水深小于1.5m，一点法；
- 水深1.5~2.0m，二点法；
- 水深2.0~3.0m，三点法；
- 水深大于3.0m，五点法、六点法或十一点法。

各测速点的位置，见表4-4所列。

表4-4　　　　　　　　　　　　　流速测点的位置

测点数	畅流期	冰期
十一点	0.0h、0.1h、0.2h、0.3h、0.4h、0.5h、0.6h、0.7h、0.8h、0.9h、1.0h	
六（七）点	0.0h、0.2h、0.4h、0.6h、0.8h、(0.9h) 1.0h	0.0h或冰底或冰花底 0.2h、0.4h、0.6h、0.8h、1.0h
五点	0.0h、0.2h、0.6h、0.8h、1.0h	

测点数	畅 流 期	冰 期
三点	0.2h、0.6h、0.8h	0.15h、0.5h、0.85h
二点	0.2h、0.8h	0.2h、0.8h
一点	0.6h 或 0.5h	0.5h

注 h 为该测速垂线的有效水深。

b. 测速历时的确定。

由于流速脉动的影响，流速仪在某点上测速历时愈长，实测的时均流速愈接近真实值。但为了节省人力物力或在困难条件下测流时，又需要缩短测速历时。通常要求每一测速点的测速历时一般不短于 100s。在特殊水情或当受测流所需总时间的限制时，则可选用少线少点或缩短测速历时的方案，但测速历时无论如何不应短于 30s。

4. 流量计算

流量计算的方法有图解法、流速等值线法和分析法等。前两种方法理论上比较严格，只适用于多线多点的测流资料，而且比较烦琐。这里主要介绍常用的分析法，它对各种情况的测流资料均能适用。

分析法是以流量模概念为基础，经有限差分处理后，用实测水深和流速资料直接计算断面流量的一种方法。其优点在于实测流量可以随测随算，及时检查测验成果，工作简便迅速。计算内容包括（图 4 - 10）：由实测断面资料摘取垂线的起点距、水深；由测速资料计算测点流速、垂线平均流速；通过计算部分断面面积、部分平均流速及部分流量，便可求得断面流量和断面平均流速、相应水位等其他水力要素。

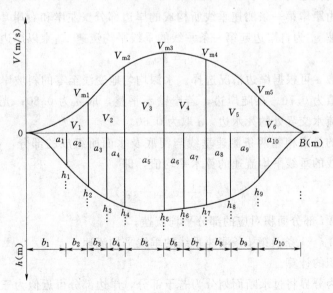

图 4 - 10　部分面积 A_i、部分流速 V_i 及部分流量 q_i 计算示意图

（1）垂线平均流速的计算。

根据大量实测资料的归纳和对垂线流速分布曲线的数学推导，得出少点法的半经验公式为：

一点法
$$v_m = v_{0.6} \tag{4-21}$$

或
$$v_m = K v_{0.5} \tag{4-22}$$

式中 K 为半深系数，可用多点法资料分析确定。在无资料时，可采用 $0.90 \sim 0.95$。

二点法
$$v_m = \frac{1}{2}(v_{0.2} + v_{0.8}) \tag{4-23}$$

三点法
$$v_m = \frac{1}{3}(v_{0.2} + v_{0.6} + v_{0.8}) \tag{4-24}$$

或
$$v_m = \frac{1}{4}(v_{0.2} + 2v_{0.6} + v_{0.8}) \tag{4-25}$$

多点法的计算公式为：

五点法
$$v_m = \frac{1}{10}(v_{0.0} + 3v_{0.2} + 3v_{0.6} + 2v_{0.8} + v_{1.0}) \tag{4-26}$$

六点法
$$v_m = \frac{1}{10}(v_{0.0} + 2v_{0.2} + 2v_{0.4} + 2v_{0.6} + 2v_{0.8} + v_{1.0}) \tag{4-27}$$

十一点法
$$v_m = \frac{1}{10}(0.5v_{0.0} + v_{0.1} + v_{0.2} + v_{0.3} + v_{0.4} + v_{0.5} + v_{0.6} + v_{0.7} + v_{0.8} + v_{0.9} + 0.5v_{1.0}) \tag{4-28}$$

各式中 $v_{0.0}$，$v_{0.1}$，$\cdots$，$v_{1.0}$ 为各相对水深处的测点流速；$0.5/10$、$1/10$、$2/10$、$3/10$ 等为各测点流速计算垂线平均流速 v_m 的权重。

（2）部分平均流速的计算。

岸边部分为由距岸第一条测速垂线所构成的岸边部分（左岸和右岸）多为三角形，它们的部分平均流速 v_1 为自岸边起第一条垂线的垂线平均流速 v_{m1} 乘以岸边流速系数 a，即

$$v_1 = a v_{m1} \tag{4-29}$$

岸边流速系数 α 可根据岸边情况选择。水深均匀地变浅至零的斜坡岸边，α 为 $0.67 \sim 0.75$，通常取 α 值为 0.70。在陡岸边，若岸壁不平整，取 α 为 0.80；光滑岸壁，α 取用 0.90。在死水与流水交界处的死水边，α 取为 0.60。

中间部分指的是由相邻两条测速垂线与河底及水面所组成的部分，部分平均流速 v_i 为相邻两测速垂线的垂线平均流速的算术平均值，即

$$v_i = \frac{1}{2}(v_{mi-1} + v_{mi}) \tag{4-30}$$

式中 v_i——第 i 部分面积对应的部分平均流速；

v_{mi-1}，v_{mi}——第 $i-1$ 条及第 i 条测速垂线的垂线平均流速。

（3）部分面积的计算。

以测速垂线为分界将过水断面划分为若干部分，岸边部分可近似为三角形，中间部分可视为梯形。

$$A_i = \frac{1}{2}(h_{i-1} + h_i) b_i \tag{4-31}$$

式中　A_i——第 i 部分面积；

　h_{i-1}，h_i——第 $i-1$ 与第 i 条垂线的水深；

　　b_i——第 $i-1$ 与第 i 条垂线之间的水平距离。

（4）部分流量的计算。

由各部分的部分平均流速 v_i 与部分面积 A_i 之积可得到部分流量，即

$$q_i = v_i A_i = \frac{1}{2}(v_{mi-1} + v_{mi})\frac{1}{2}(h_{i-1} + h_i)b_i \tag{4-32}$$

（5）断面流量及其他水力要素的计算。

断面流量 Q 为断面上各部分流量 q_i 的代数和，即

$$Q = q_1 + q_2 + \cdots + q_n = \sum_{i=1}^{n} q_i \tag{4-33}$$

断面面积 A 为各部分面积 A_i 之和，即

$$A = \sum_{i=1}^{n} A_i \tag{4-34}$$

断面平均流速　　　　　　　$\overline{v} = Q/A$ 　　　　　　　　　　（4-35）

断面平均水深　　　　　　　$\overline{h} = A/B$ 　　　　　　　　　　（4-36）

5. 误差来源与控制

（1）流速仪测流的误差来源。

1）起点距定位误差。

2）水深测量误差。

3）流速测点定位误差。

4）流向偏角导致的误差。

5）入水物体干扰流态导致的误差。

6）流速仪轴线与流线不平行导致的误差。

7）停表或其他计时装置的误差。

（2）流速仪测流的误差控制。

误差的控制方法，应按有关规定执行，并应符合下列要求：

1）建立主要仪器、测具及有关测验设备装置的定期检查登记制度。

2）减小悬索偏角，缩小仪器偏离垂线下游的偏角。宜使仪器接近测速点的实际位置，并可采取以下措施：流速较大时，在不影响测验安全的前提下，应适当加大铅鱼重量；有条件时，可采用悬索和水体传讯的测流装置，减少整个测流设备的阻水力；测速时，宜使测船的纵轴与流线平行，并应保持测船的稳定。

练习题：根据表 4-5 中流速观测数据，计算断面流量，并画出断面示意图。

提示：流速仪公式：$V = 0.702R/T + 0.015$；岸边流速系数 $\alpha = 0.70$；测流起讫平均水位为 28.31m。

表 4－5　　　　　　　　　　　　　　某 断 面 流 量 计 算 表

垂线代号		起点距（m）	垂线水深（m）	仪器位置		测速记录		流速（m/s）			测探垂线间（m）		断面面积（m²）		部分流量（m³/s）
测探	测速			相对	测点深（m）	总历时 T	总转数 R	测点	垂线平均	部分平均	平均水深	间距	测探垂线间（m）	部分	部分
左水边			45	0											
1	1	55	2.5	0.2		150	210								
				0.8		132	150								
2	2	63	3.0	0.2		105	160								
				0.6		110	150								
				0.8		115	140								
3	3	72	1.5	0.6		120	150								
右水边			80												
断面流量					m³/s	断面面积			m²	断面流速					m/s

情景 5 蒸发信息采集与处理

蒸发是水文循环中自降水到达地面后由液态或固态转化为水汽返回大气的现象，是水面和陆面与大气之间的水量交换形式之一。陆地上一年的降水约 66％ 通过蒸发返回大气，由此可见蒸发是水文循环的重要环节。而对径流形成来说，蒸发则是一种损失。蒸发在水量平衡研究和水利工程规划中是不可忽视的影响因素。

水由液态或固态转化为气态的过程称为蒸发；被植物根系吸收的水分，经植物的茎叶散逸到大气中的过程称为散发或蒸腾。蒸发是发生在具有水分子的物体表面上的一种分子运动现象。具有水分子的物体表面如江河、湖泊、水库等称为蒸发面，自然界的蒸发面有各种形态、性质各不相同，因而蒸发也分为不同的类型。蒸发面为水面时称为水面蒸发，蒸发面为土壤表面时称为土壤蒸发，蒸发面是植物茎叶则称为植物散发。由于植物是生长在土壤中，植物散发与植物所生长的土壤上的蒸发总是同时存在的，通常将二者合称为陆面蒸发。流域的表面一般包括水面、土壤和植物覆盖等，当把流域作为一个整体时，则发生在这一蒸发面上的蒸发称为流域总蒸发或流域蒸发，它是流域内各类蒸发的总和。

5.1 水 面 蒸 发

水面蒸发是蒸发中最简单的一种，由于它是在蒸发面充分供水情况下的蒸发，此时影响蒸发的因素较少，主要是温度、湿度、风等气象因素。

5.1.1 影响水面蒸发的因素

（1）蒸发面的温度：温度越高，蒸发越快。

（2）蒸发面上空气的潮湿程度：潮湿程度大，蒸发强度小。

（3）蒸发面上的风速：风速大，会加快空气相互交换，使湿度相应变小，使蒸发加快。

（4）杂质：水中溶解与不溶解的杂质，均会堵塞部分水面通道，使蒸发变慢。

（5）气压：水变为水蒸气时体积要增大许多倍，气压愈高，体积膨胀愈困难，使蒸发作用减慢。

5.1.2 蒸发场的选择

（1）选择蒸发场，首先必须考虑其区域代表性。场地附近的下垫面条件和气象特点，应能代表和接近该站控制区的一般情况，反映控制区的气象特点，避免局部地形影响。必要时，可脱离水文站建立蒸发场。

（2）蒸发场应避免设在陡坡、洼地和有泉水溢出的地段，或邻近有丛林、铁路、公路和大工矿的地方。在附近有城市和工矿区时,观测场应选在城市或工矿区最多风向的上风向。

（3）陆上水面蒸发场离较大水体（水库、湖泊、海洋等）最高水位线的水平距离应大于 100m。

（4）选择场地应考虑用水方便。水源的水质应符合观测用水要求。

5.1.3　水面蒸发观测

器测法是应用蒸发器或蒸发池直接观测水面蒸发量。我国水文和气象部门采用的水面蒸发器有 E—601 型蒸发器,口径为 80cm 带套盆的蒸发器,透镜为 20cm 的蒸发皿,以及水面面积为 20m² 和 100m² 的大型蒸发池。

由于蒸发器的蒸发面积远较天然水体小,其受热条件、上空的湿度以及风力的影响等与大水体有显著的差异,测得的蒸发量与江河、湖泊、水库等自然水体的蒸发量有一定的差别,所以蒸发器观测的数值不能直接作为大水体的水面蒸发值,必须通过折算才能求出自然水面的实际蒸发量。E—601 型的蒸发接近天然,其折算系数常在 1.00 附近,而 80cm 蒸发器及 20cm 蒸发皿的折算系数一般小于 1.00,折算系数 K 随着蒸发器直径而变,也与蒸发器的类型、季节变化、地理位置等因素有关。

水文年鉴中所刊布的蒸发资料是蒸发器的观测资料,使用时应注意蒸发器的型号,并进行折算。

1. E—601 型蒸发器

E—601 型蒸发器是口径为 60cm 的埋在地表下的带套盆的蒸发器,其内盆面积 300cm²,如图 5-1 所示。这种蒸发器稳定性较好,是目前水文部门观测水面蒸发普遍采用的标准仪器。

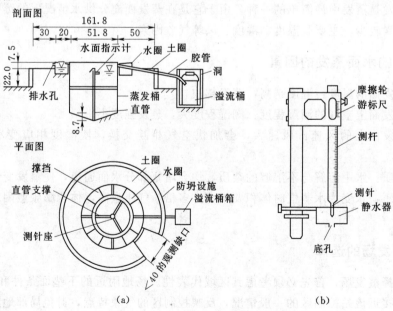

图 5-1　E—601 型蒸发器结构示意图

（a）E—601 型蒸发器；（b）测针示意图

（1）E—601 型蒸发器观测方法。

1）每日 8 时，观测员将测针套于蒸发器测针座上，旋动摩擦轮使测针与水面接触，观读测杆游标读数。再将测杆转动小于 180°角，用上法进行第二次观读。若 2 次读数差小于 0.2mm，取其平均值，否则应重测。

2）如器内水面指示针尖露出或没入水面超过 1cm，观读后要立即向桶内加水或汲水，使水面与针尖齐平。并用上面方法测出水面高度，作为次日观测器内水面高度起点。

3）遇测针有故障，可改用量杯加入或汲出水量至器内水面与指尖齐平，根据加入或汲出水量折算蒸发量。

（2）E—601 型蒸发器日蒸发量的计算。

日蒸发量以 8 时为日分界，算得蒸发值作为前一日蒸发量，计算公式如下：

$$E=P+(h_1-h_2)-Ch_3 \tag{5-1}$$

式中　　E——日蒸发量，mm；

　　　　P——日累积降雨量，mm；

h_1、h_2——表示上次与本次测得蒸发器内水面高度，mm；

　　　　h_3——溢流桶内水深，mm；

　　　　C——溢流桶与蒸发器面积比值。

2.FZZ—01 型遥测蒸发器

FZZ—01 型遥测蒸发器首次使用翻斗式补水装置（专利申请号 200820185292.0），是一种具有较高可靠性和测量分辨力的水面蒸发量传感装置，特别适用于无人值守的蒸发站，可自动输出代表 0.1mm 蒸发量的开关信号，供有线或无线遥测记录。

FZZ—01 型遥测蒸发器包括三部分：蒸发桶、补水器和储水桶，结构如图 5-2 所示。

蒸发桶上部壁上装有溢流管，能较好地稳定降水时蒸发桶内的最高液面位置，超过部分的降水自动从溢流管溢出，该液面称为溢流液面。在蒸发桶上部壁上还装有液面定位测针，其针尖为铂金丝，位于静水筒内，高低可以调整。工作时将定位测针的针尖调整并固定在基准液面上，基准液面位于溢流液面以下 2.5mm 处为宜。

补水器由翻斗式补水机构、电磁阀、控制盒等组成。电磁阀的进水口与储水桶连通，出水口（箭头所指端）对准翻斗式补水机构的进水漏斗，翻斗式补水机构排出的定量水体通过大漏斗和补水管顺着定位测针流入蒸发桶内。

控制盒内装有控制电路。当蒸发桶内液面因蒸发而离开定位测针后，在控制电路作用下，电磁阀通电打开，向翻斗式补水机构注水，一定量（30mL）后，翻斗翻转，将斗内水量排出，通过补水管流入蒸发桶内。在翻斗翻转的同时，磁钢扫过干簧管，发出一个通断信号，通过控制电路将电磁阀关闭，停止向翻斗内进水，完成一次蒸发补水过程，而且每次 30mL 的补充水量，正好相当于 0.1mm 的蒸发量。只要蒸发桶内液面未触及定位测针，上述补水动作将继续。在电磁阀接通电源的同时，控制盒从输出端送出一个开关信号，通过接收并计算开关信号，即可在蒸发桶内水体高度几乎恒定状态下实现水面蒸发量的自动测量，保持了观测过程中蒸发桶有相同的水深。而对于风浪引起的短暂液面脱离定位测针，延时电路使其不致引起补水动作。但因人为或其他因素造成的突发液面下降（一定范围内），控制电路可以连续进行补水动作，使其液面自动返回基准液面，从而保证它

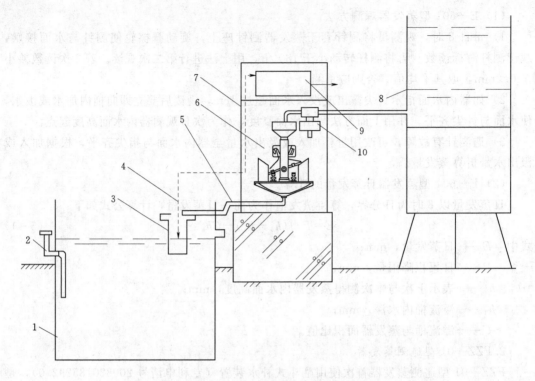

图 5-2　FZZ—01 型遥测蒸发器结构示意图

1—蒸发桶；2—溢流管；3—静水筒；4—定位测针；5—补水管；6—翻斗式补水机构；

7—补水器；8—储水桶；9—控制盒；10—电磁阀

的可靠性。

为保证蒸发补充水量不会从溢流管溢出，基准液面被设定在溢流液面以下 2.5mm 处，这给降雨后的蒸发测量带来少量误差（0～2mm）。但它们在资料整理时，可以结合降雨量资料进行修正。

3. PH—ZF1 蒸发传感器

PH—ZF1 蒸发传感器是用于测量液面蒸发量的仪器，适用于农业、林业、气象、科研等有关部门，其工作原理采用高精度的称重原理测得蒸发皿内液体重量，再计算出液面高度。因此在多种环境下均可使用，液体或结冰均可测量。其主要技术参数如下：

（1）测量范围：0～1000mm。

（2）分辨率：0.1mm。

（3）测量精度：±0.3mm。

（4）供电方式：DC12V、DC24V 可选。

（5）输出形式：①电流 4～20mA；②电压：0～5VDC；③RS232/RS485。

（6）静态功耗：约 5mA。

（7）输出负载：<200Ω（典型值 100Ω，>200Ω 需定制）。

（8）规格尺寸：215 mm×350 mm×400mm（内桶口径×外桶口径×总高）。

（9）环境温度：−30～70℃。

（10）存储环境：－40～80℃，相对湿度低于 80％，不存在腐蚀性气体的环境中。

5.2 土 壤 蒸 发

土壤蒸发是土壤中所含水分以水汽的形式逸入大气的现象，土壤蒸发过程是土壤失去水分或干化的过程。土壤是一种有孔介质，具有吸收、保持和输送水分的能力，因此，土壤蒸发还受到土壤水分运动的影响。由此可知，土壤蒸发比水面蒸发复杂。

5.2.1 土壤蒸发过程

湿润的土壤，其蒸发过程一般可分为三个阶段，如图 5-3 所示。第一阶段，土壤十分湿润，土壤中存在自由重力水，并且土层中毛细管也上下沟通，水分从表面蒸发后，能得到下层的充分供应。这一阶段，土壤蒸发主要发生在表层，蒸发速度稳定，蒸发量 E 等于或接近相同气象条件下的蒸发能力 E_M。这一阶段，气象条件是影响蒸发的主要原因。由于蒸发耗水，土壤含水量不断减少，当土壤含水量降到田间持水量 $W_田$ 以下时，土壤中毛细管的连续状态将逐渐被破坏，从土层内部由毛细管作用上升到土壤表面的水分也将逐渐减少，这时进入第二阶段。在这一阶段内，随土壤含水量的减少，供水条件越来越差，土壤蒸发率也就越来越小。此时，土壤蒸发不仅与气象因素有关，而且随土壤含水量的减少而减少。土壤蒸发率与土壤含水量 W 大体成正比，即 $E=WE_M/W_田$。当土壤含水量减至毛管断裂含水量 $W_断$，毛管水完全不能到达地表后，进入第三阶段。在这一阶段，毛管向土壤表面输送水分的机制完全遭到破坏，水分只能以薄膜水或气态水的形式向地表移动，运动十分缓慢，蒸发率微小。在这种情况下，不论是气象因素还是土壤含水量对土壤蒸发均不起明显作用。

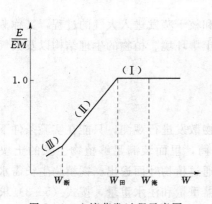

图 5-3 土壤蒸发过程示意图

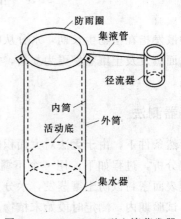

图 5-4 ГГИ—500 型土壤蒸发器

5.2.2 土壤蒸发观测

土壤蒸发量的确定一般有两种途径：器测法和间接计算法。

1. 器测法

土壤蒸发器种类很多，如图 5-4 所示为目前常用的 ГГИ—500 型土壤蒸发器。蒸发器有内、外两个铁筒。内筒用来切割土样和装填土样，内径 25.2cm，面积 500cm²，高 50cm，筒下有一个多孔活动底，以便装填土样。外筒内径 26.7cm，高 60cm，筒底封闭，埋入地面以下，供置入内筒用。内筒下有一集水器承受蒸发器内土样渗漏的水量。内筒上接一排水管与径流筒相通，以接纳蒸发器上面所产生的径流量。另设地面雨量器，器口面积 500cm²，以观测降雨量。定期对土样称重，再按下式推算时段蒸发量：

$$E = 0.02(G_1 - G_2) - (R + q) + P \qquad (5-2)$$

式中　E——观测时段内土壤蒸发量，mm；

G_1、G_2——时段初和时段末筒内土样的重量，g；

P——观测时段内的降雨量，mm；

R——观测时段内产生的径流量，mm；

q——观测时段内渗漏的水量，mm；

0.02——蒸发器单位换算系数。

由于器测时土壤本身的热力条件与天然情况不同，其水分交换与实际情况差别较大，并且器测法只适用于单点，所以，观测结果只能在某些条件下应用或参考。对于较大面积的情况，因流域下垫面条件复杂，难以分清土壤蒸发和植物散发，所以器测法很少在生产上具体应用，多用于蒸发规律的研究。

2. 间接计算法

间接计算法是从土壤蒸发的物理概念出发，以水量平衡、热量平衡、乱流扩散等理论为基础，建立包括影响蒸发的一些主要因素在内的理论、半理论半经验或经验公式来估算土壤的蒸发量。

5.3　植　物　散　发

植物散发指在植物生长期，水分从叶面和枝干蒸发进入大气的过程，又称蒸腾。植物散发比水面蒸发及土壤蒸发更为复杂，它与土壤环境、植物的生理结构以及大气状况有密切的关系。

5.3.1　器测法

在天然条件下，由于无法对大面积的植物散发进行观测，只能在实验条件下对小样本进行测定分析，过程如下：用一个不漏水圆筒，里面装满足够植物生长的土块，种上植物，土壤表面密封以防土壤蒸发，水分只能通过植物叶面逸出。视植物生长需水情况，随时灌水。试验期内，测定时段始末植物及容器重量和注水重量，按式（5-3）求散发量：

$$E = G + (G_1 - G_2) \qquad (5-3)$$

式中　E——时段散发量，m³；

G——时段注水量，m³；

G_1、G_2——时段初和时段末圆筒内土壤的水量，m³。

器测法不可能模拟天然条件下的植物散发，所以上述方法只能在理论研究时应用，实际工作中难以直接引用。

5.3.2 水量平衡法

根据水量平衡原理，测定出一块样地或流域的整片植物群落生长期始末的土壤含水量、蒸发量、降雨量、径流量和渗漏量，再用水量平衡方程即可推算出植物生长期的散发量。

此外，还可以用热量平衡法或数学模型进行估算。

5.4 流 域 总 蒸 发

流域总蒸发（流域蒸发）包括水面蒸发、土壤蒸发、植物截留蒸发及植物散发。由于一个流域的下垫面极其复杂，有河流、湖泊、土壤岩石和不同的植被等等，分项计算不仅困难，也欠准确，难以实现。流域总蒸发计算通常是先对流域进行综合研究，再用水量平衡法或经验公式，或根据流域总蒸发规律拟定计算模式，确定流域的总蒸发量。

水量平衡法首先建立流域的水量平衡方程。一定时段内，进入某流域的水量有：降水量 P、凝结量 E_I、地面径流入流量 RS_I、地下径流入流量 RG_I、流域起始蓄水量 S_1；流出的水量有：总蒸发量 E_0、地面径流流出量 RS_0、地下径流流出量 RG_0、时段内引用水量 q、时段末流域蓄水量 S_2。根据水量平衡原理，流域的水量平衡方程为：

$$P+E_I+RS_I+RG_I+S_1=E_0+RS_0+Rg_0+q+S_2 \tag{5-4}$$

式中各项均以 mm 计。若该流域为闭合流域，则 $RS_I=0$，$RG_I=0$，并令 $R=ES_0+RG_0$ 表示流域出口断面总径流量，$E=E_0-E_I$ 表示净蒸散发量，$\Delta S=S_2-S_1$ 表示时段内该流域的蓄水变量，并设 $q=0$，则闭合流域水量平衡方程为：

$$P-E-R=\Delta S \tag{5-5}$$

对多年平均情况，式中蓄水变量多年平均值趋于零，因而水量平衡方程可简化为：

$$\overline{P}=\overline{R}+\overline{E} \tag{5-6}$$

式中　$\overline{P}$——流域多年平均降水量；

　　　R——多年平均径流量；

　　　$\overline{E}$——多年平均蒸发量。

上式就是流域水量平衡方程。将上式改写为：

$$\overline{E}=\overline{P}-\overline{R} \tag{5-7}$$

利用式（5-7），就可推算出流域的总蒸发量。

我国利用中小流域的降水量与径流量观测资料，用水量平衡公式推算出全国各地的总蒸发量，并绘制了全国多年平均蒸发量等值线图，可供实际使用。

情景6 泥沙信息采集与处理

天然河流中的泥沙经常淤积河道，并对河流的水情，水利水电工程的兴建，河流的变迁及治理产生着巨大的影响，因此必须对河流泥沙运行规律及其特性进行研究。泥沙资料也是一项重要的水文信息。河流泥沙测验，就是对河流泥沙进行直接的观测，为分析研究提供基本资料。

6.1 泥 沙 基 本 概 念

6.1.1 河流泥沙形成

"泥沙"指所有在流体中运动或受水流、风力、波浪、冰川及重力作用移动后沉积下来的固体颗粒碎屑。

岩石风化是产生泥沙最主要的来源。除此以外，生物的骨骼和介壳，火山爆发时喷发出的火山灰、火山渣、飞石，海底或温泉外流的岩浆，陨石通过大气层时的分解物都可能成为泥沙颗粒。

岩石的风化是一个统一的过程，其中包括机械的分离和化学的分解两个方面。这两种作用的重要性因时因地而有不同，一般都同时发生，而且相辅相成。例如岩石受机械作用而产生裂隙，使岩石内部和大气相接触，从而加速了化学作用，促成进一步的风化。一般说来，化学分解的重要性更过于机械分离，特别是细颗粒泥沙主要是化学分解的产物。

岩石受机械作用分离成小块或颗粒，有三种最主要的形式：

（1）成块分离：岩石发生裂缝，然后沿缝隙崩解，形成小块岩石。

（2）成粒分离：由于个别矿粒之间缺少凝聚力，岩石因之分离成小粒泥沙，成粒分离只限于粗粒岩石，而以粗粒花岗岩为多。

（3）表层剥离：岩石受力后表层和内层分离，日久外层剥落，内层暴露变为外层，如是逐层剥离。

岩石受大气作用发生矿质的或化学的变化，称为岩石的分解。大气中一般含有氮气、氧气、二氧化碳、惰性气体以及含量不等的水分，在特殊情形下或在特殊地区，由于火山灰或工业尘烟的影响，还可能含有酸质。其中，氧气、二氧化碳以及酸质随雨水降落地面渗透表层泥土而与岩石相接触后，发生氧化、水化、加水分解以及溶解的作用，使岩石分解。此外，有机质的生物化学作用也可以造成岩石的风化。

因岩石风化而产生的泥沙，除了一部分仍留在原地不动，成为土壤形成的开端，称为残积物以外，其余的不是溶解在水中，便是随着水流、波浪、冰川、风力及重力作用而位移。这部分经过相当距离以后又沉淀堆积，部分固结而成沉积岩，然后再因风化作用而变成泥沙。

河流中运动着的泥沙就来源而言可分为两类，一类是从流域地表冲蚀而来的，另一类是从河床上冲起来的。降水形成的地面径流，侵蚀流域地表，造成水土流失，携带大量泥沙直下江河。河道水流在奔向下游的过程中，沿程要不断地冲刷当地河床和河岸，以补充水流挟沙之不足。从上游河槽冲刷而来的这部分泥沙，随同流域地表侵蚀而来的泥沙一道，构成河流输移泥沙的总体，除部分可能沉积到水库、湖泊或下游河道之外，大部分将远泻千里而入海。

6.1.2 河流泥沙分类

河流泥沙从不同的研究角度出发有不同的分类方法，如按照颗粒大小分类，按泥沙的运动状态和泥沙的冲淤情况、补给条件分类等。

1. 按照颗粒大小分

河流泥沙粒径组成变化幅度较大，粗细之间相差可达千百万倍，考虑单颗泥沙的性质并无意义，为此既要表示出不同粒径级泥沙的某些性质上的显著差异和性质变化规律，又能使各级分界粒径尺度成为一定比例，我国《土工试验规程》（SL 237—1999）将泥沙粒径按大小分类，如图 6-1 所示。

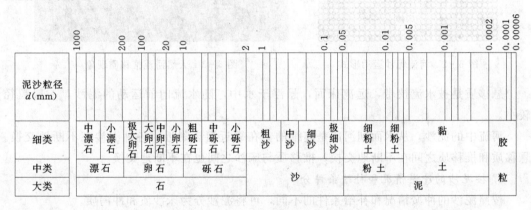

图 6-1 泥沙分类图

从图中可知，我国泥沙分类的分界数字为 200mm、20mm、2mm、0.05mm、0.005mm。粒径大于 200mm 为漂石，粒径在 200～20mm 之间的为卵石，粒径在 20～2mm 之间的为砾石，粒径在 2～0.05mm 之间的为沙，粒径在 0.05～0.005mm 之间的为粉沙，粒径小于 0.005mm 的为黏土。

由水利部颁布，1994 年 1 月 1 日起实施的《河流泥沙颗粒分析规程》规定，泥沙颗粒的分类应符合表 6-1。

表 6-1　　　　　　　　　　泥沙颗粒按粒径的分类

粒径（mm）	≤0.004	0.004～0.062	0.062～2.0	2.0～16.0	16～250	≥250
分类	粘粒	粉沙	沙粒	砾石	卵石	漂石
英文名	Clay	Slit	Sand	Gravel	Cobble	Boulder

2. 按泥沙的运动态式分

天然河流中的泥沙，按其是否运动可分为静止和运动两大类。组成河床静止不动的泥沙称为床沙；运动的泥沙又分为推移质、悬移质两类（图 6-2），两者共同构成河流输沙的总体。

床沙是组成河床表面静止的泥沙，又称河床质。一般颗粒较推移质、悬移质粗。

推移质是沿河床滑动、滚动及跳动前进的泥沙。它是由底层水流在绕流运动过程中所产生的水流作用力对床面颗粒推动的结果。其运动范围都在床面或床面附近 2~3 倍粒径的区域，因而有时也称其为底沙。天然河流推移质现象如图 6-3 所示。

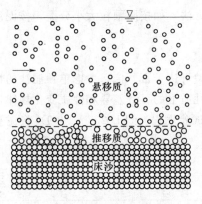

图 6-2　河流泥沙运动形式

图 6-3　天然河流推移质现象

悬移质是被水流挟带，远离床面，悬浮于水中，随水流向前运动的泥沙，一般粒径较小。

河流中的泥沙，从水面到河床是连续的。在靠近河床附近，各种泥沙在不断地交换。悬移质和推移质之间在不断地交换，推移质与床沙之间也在不断地交换。

3. 按泥沙的冲淤情况和补给条件分

按照泥沙的冲淤情况和补给条件的不同，可将泥沙分为床沙质和冲泻质。

天然河流中的泥沙，悬沙质、推移质、床沙是由粗细不同的颗粒组成的。一般悬移质的组成最细，推移质次之，床沙最粗。但是悬移质中较粗的部分，常在床沙中大量出现，而较细的部分很少出现，或基本不存在。由于这两部分泥沙在冲淤情况、补给条件等方面具有不同的特点，因而将悬移质中较粗的部分，又在河床中大量存在的称为床沙质，而悬移质中较细的部分称为冲泻质。

在不冲不淤的相对平衡状态下，悬移质中床沙质部分的数量决定于河床的组成及水流条件，它与流量的关系较为密切。床沙质在河床冲淤过程中起到塑造河床的作用，因而有时也称其为造床泥沙。

悬移质中的冲泻质的实际数量主要决定于上游流域的来量，而不取决于河段的水力条件及河床的组成。这也表现在它与流量的关系较为散乱。从床沙中没有或很少有冲泻质的事实，也说明这部分泥沙对于河床的调整和塑造不起或很少起作用，故冲泻质有时也称为非造床泥沙。

6.1.3　河流含沙量影响因素

河流泥沙的主要来源是流域表面的侵蚀和河床的冲刷，而泥沙的多少和流域的气候、植被、土壤、地形因素有关。因此，影响河流输沙量的因素也有三个方面：气候因素、下垫面因素和人类活动。

气候因素中影响最大的是降水、气温和风。例如，我国南方的河流，如珠江、长江都在亚热带，降雨量较多，流水量多，所以较多的沙粒被冲到出海口，因此长江、珠江河口区发育较快。而位于温带的黄河，降水量较少，而且黄河本身植被较少，落差较长江、珠江少，流水速度也就较小，所以黄河较多的沙粒不能冲走，这也是形成"地上河"的原因之一。

下垫面因素主要是流域的地形、植被和土壤等。植被覆盖率低、土质疏松等条件易增加河流的含沙量。例如：我国北方植被覆盖率低于南方，因此北方河流含沙量大于南方；大陆内部土质疏松且植被覆盖率差，其河流含沙量大于我国东部；河流上游地势落差大，水流快，含沙量多于中下游地区。当然，这些只是理论上的分析，不同地区河流的含沙量还要因地而宜，具体问题具体分析。

人类活动通过改变流域的下垫面状况对河流泥沙起着很大的影响。不合理的耕作制度和方式，盲目地砍伐森林，无计划地开发土地等，都使地表侵蚀加重。相反，如植树造林、坡地改梯田等，能防止水土流失。如修筑拦河坝，库区内水位壅高，水流行进流速减缓，来自上游的悬移质和推移质泥沙都将在库区大量落淤，库区表层水体变清。随着上游来沙被枢纽的拦截，下泄水流含沙量将减少。

6.1.4　泥沙表示方法

含泥沙颗粒的水称为浑水。河道中泥沙的多少通常采用含沙量、输沙率、输沙量或侵蚀模数来表示。

（1）含沙量：单位体积浑水中所含泥沙的质量，用 C_s 表示，单位为 kg/m^3。

（2）输沙率：单位时间内通过河流某断面的泥沙质量，以 Q_s 表示，单位为 kg/s 或 t/s。

（3）输沙量：一定时段内通过河流某断面的泥沙质量，以 w_s 表示，单位为 kg 或 t。

（4）侵蚀模数：单位流域面积上，每年被侵蚀并汇入河流的泥沙重量，单位为 $t/(km^2 \cdot a)$。

6.2　泥沙信息采集方法

6.2.1　悬移质泥沙测验

悬移质悬浮于水中并随水流运动，水流不停地把泥沙从上游输送到下游。描述河流中悬移质的情况，常用的两个定量指标是含沙量和输沙率。

1. 含沙量的测量

悬移质含沙量测验目的是为了推求通过河流测验断面的悬移质输沙率及其随时间的变

化过程。含沙量测验，一般需要采样器从水流中采集水样。如果水样是取自固定测点，称为积点式取样；如取样时，取样瓶在测线上由上到下（或上、下往返）匀速移动，称为积深式取样，该水样代表测线的平均情况。

我国目前使用较多的采样器有横式采样器（图 6-4）和瓶式采样器（图 6-5）。横式采样器的器身为圆筒形，容积一般为 0.5～5L。取样前把仪器安装在悬杆上或悬吊着铅鱼的悬索上，使取样筒两边的盖子张开。取样时，将仪器放至测点位置，器身与水流方向一致，水从筒中流过。操纵开关，借助两端弹簧拉力使筒盖关闭，即可取得水样。瓶式采样器的容积一般为 0.5～2L，瓶口上安装有进水管和排气管，两管口的高差为静水头 ΔH，用不同管径的管嘴与 ΔH，可调节进口流速。取样时，将其倾斜地装在悬杆或铅鱼上，进水管迎向水流方向，放至测点位置，即可取样。

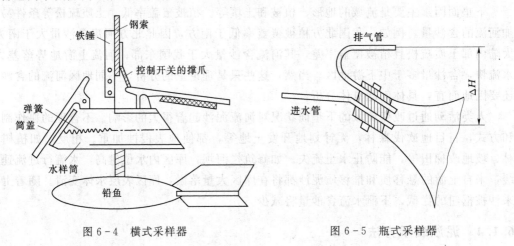

图 6-4　横式采样器　　　　　　　　　　图 6-5　瓶式采样器

不论用何种方式取得的水样，都要经过量积、沉淀、过滤、烘干、称重等步骤，才能得到一定体积浑水中的干沙重量。水样的含沙量可按式（6-1）计算：

$$C_s = \frac{W_s}{V} \tag{6-1}$$

式中　C_s——水样含沙量，g/L 或 kg/m³；

　　　W_s——水样中的干沙重量，g 或 kg；

　　　V——水样体积，L 或 m³。

当含沙量较大时，也可使用同位素测沙仪测量含沙量。该仪器主要由铅鱼、探头和晶体管计数器等部分组成。应用时只要将仪器的探头放至测点，即可根据计数器显示的数字由工作曲线上查出测点的含沙量。它具有准确、及时、不取水样等突出的优点，但应经常对工作曲线进行校正。

2. 输沙率测验

断面输沙率是通过断面上含沙量测量配合断面流量测量来推求的。由于断面内各点含沙量不同，因此输沙率测验和流量测验相似，需在断面上布置适当数量的取样垂线，通过测定各垂线测点流速及含沙量，计算垂线平均流速及垂线平均含沙量，然后计算部分流量及部分输沙率，最后得到断面输沙率。

一般取样垂线数目不少于规范规定流速仪精测法测速垂线数的一半。当水位、含沙量变化急剧时，或积累相当资料经过精简分析后，垂线数目可适当减少。测验时根据泥沙在横向分布变化情况，布设若干条垂线。当河宽大于 50m 时，取样垂线不少于 5 条；水面宽小于 50m 时，不应少于 3 条。

垂线上测点的分布，视水深大小及要求的精度而不同，可有一点法、两点法、三点法、五点法等。取样方法有：在每条垂线的不同测点上，逐点取样，称积点法；各点按一定容积比例取样，并予混合称定比混合法；各点按其流速比例确定取样容积，并予混合，称流速比混合法；用瓶式或抽气式采样器在垂线上以均匀速度提放，采取整个垂线上的水样，称积深法。当选用积点法时，同时施测各点流速，且积点法的测点位置符合表 6 - 2 的规定；采用垂线混合法时，各种取样方法的取样位置与历时符合表 6 - 3 的规定；采用积深法时，同时施测垂线平均流速。实际中可根据水情、水深和测验设备条件合理选用。

表 6 - 2   各种积点法的测点位置

河流情况	方法名称	测点的相对水深位置
畅流期	五点法	水面、0.2、0.6、0.8 及河底
	三点法	0.2、0.6、0.8
	二点法	0.2、0.8
	一点法	0.6
封冻期	六点法	冰底或冰花底、0.2、0.4、0.6、0.8 及河底
	二点法	0.15、0.85
	一点法	0.5

表 6 - 3   各种取样方法的取样位置与历时

取样方法	取样的相对水深位置	各点取样历时（s）
五点法	水面、0.2、0.6、0.8、及河底	0.1τ、0.3τ、0.3τ、0.2τ、0.1τ
三点法	0.2、0.6、0.8	$t/3$、$t/3$、$t/3$
二点法	0.2、0.8	$0.5t$、$0.5t$

注 t 为垂线总取样历时。

（1）垂线平均含沙量计算。

根据测点的水样，得出各测点的含沙量之后，可用流速加权计算垂线平均含沙量。例如畅流期的垂线平均含沙量的计算式为：

五点法

$$C_{sm} = \frac{1}{10V_m}(C_{s0.0}V_{0.0} + 3C_{s0.2}V_{0.2} + 3C_{s0.6}V_{0.6} + 2C_{s0.8}V_{0.8} + C_{s1.0}V_{1.0}) \qquad (6-2)$$

三点法

$$C_{sm} = \frac{1}{3V_m}(C_{s0.2}V_{0.2} + C_{s0.6}V_{0.6} + C_{s0.8}V_{0.8}) \qquad (6-3)$$

二点法

$$C_{sm} = \frac{C_{s0.2}V_{0.2} + C_{s0.8}V_{0.8}}{V_{0.2} + V_{0.8}} \qquad (6-4)$$

一点法

$$C_{sm} = aC_{s0.5} \quad 或 \quad C_{sm} = bC_{s0.6} \qquad (6-5)$$

式中　C_{sm}——垂线平均含沙量，kg/m³；

　　　C_{sj}——测点含沙量，脚标 j 为该点的相对水深，kg/m³；

　　　V_j——测点流速，m/s，脚标 j 的含意同上；

　　　V_m——垂线平均流速，m/s；

　　a、b——一点法的系数，由多点法的资料分析确定，无资料时可用 1.0。

如果是用积深法取得的水样，其含沙量即为垂线平均含沙量。

（2）断面输沙率计算。

根据各条垂线的平均含沙量 C_{smj}，配合测流计算的部分流量，即可算得断面输沙率 Q_s(t/s) 为：

$$Q_s = \frac{1}{1000}\left[C_{sm1}q_1 + \frac{1}{2}(C_{sm1}+C_{sm2})q_2 + \cdots + \frac{1}{2}(C_{smn-1}+C_{smn})q_n + C_{smn}q_n \right] \qquad (6-6)$$

式中　q_i——第 i 根垂线与第 $i-1$ 根垂线间的部分流量，m³/s；

　　　C_{smi}——第 i 根垂线的平均含沙量，kg/m³。

（3）断面平均含沙量计算。

断面平均含沙量：
$$\overline{C}_s = \frac{Q_s}{Q} \times 1000 \qquad (6-7)$$

3. 单样含沙量

上述方法求得的悬移质输沙率，是测验当时的输沙情况。而工程上往往需要一定时段内的输沙总量及输沙过程。如果要用上述测验方法来求出输沙的过程是很困难的，而且很难实现逐日逐时施测。人们从不断的实践中发现，当断面比较稳定，主流摆动不大时断面平均含沙量与断面某一垂线平均含沙量之间有稳定关系。通过多次实测资料的分析，建立其相关关系，这种与断面平均含沙量有稳定关系的断面上有代表性的垂线和测点含沙量，称单样含沙量，简称单沙；相应地把断面平均含沙量简称断沙。经常性的泥沙取样工作可只在此选定的垂线（或其上的一个测点）上进行，这样便大大地简化了测验工作。

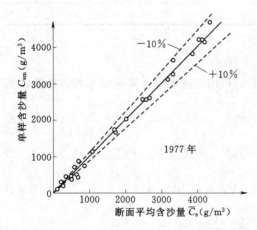

图 6-6　沱江李家湾水文站 1977 年单沙与断沙关系

根据多次实测的断面平均含沙量和单样含沙量的成果，可以单沙为纵坐标，以相应断沙为横坐标，点绘单沙与断沙的关系点，并通过点群中心绘出单沙与断沙的关系线（图 6-6）。利用绘制的单沙断沙关系，由各次单沙实测资料推求相应的断沙和输沙率，可进一步计算日平均输沙率、年平均输沙率及年输沙量等。

单沙的测次，平水期一般每日定时取样 1 次；含沙量变化小时，可 5～10 日取样 1 次；含沙量有明显变化时，每日应取 2 次以上。洪水时期，每次较大洪峰过程，取样次数不应少于 7～10 次。

6.2.2 推移质泥沙测验

1. 推移质输沙率测验

推移质泥沙测验是为了测定推移质输沙率及其变化过程。推移质输沙率是指单位时间内通过测验断面的推移质泥沙重量，单位为 kg/s。测验推移质时，首先确定推移质的边界，在有推移质的范围内布设若干垂线，施测各垂线的单宽推移质输沙率；计算部分宽度上的推移质输沙率；最后累加求得断面推移质输沙率（简称断推）。由于测验断推工作量大，故也可以用一条垂线或两条垂线的推移质输沙率（称为单位推移质输沙率，简称单推）与断推建立相关关系，用经常测得的单推和单推—断推关系推求断推及其变化过程，从而使推移质测验工作大为简化。

推移质取样的方法，是将采样器放到河底直接采集推移质沙样。因此，推移质采样器应具有的一般性能是：进口流速与天然流速一致；仪器口门的下沿能贴紧河床，口门底部河床不发生淘刷；采样器的采样效率高且较稳定；便于野外操作，适用于各种水深和流速条件下取样。

由于推移质粒径不同，推移质采样器分为沙质和卵石两类。沙质推移质采样器适用于平原河流。我国自制的这类仪器有黄河 59 型（图 6-7）和长江大型推移质采样器。卵石推移质采样器通常用来施测 1.0～30cm 粗粒径推移质，主要采用网式采样器，有软底网式和硬底网式（图 6-8）两种。

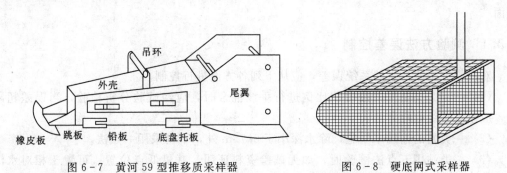

图 6-7 黄河 59 型推移质采样器   图 6-8 硬底网式采样器

2. 推移质输沙率的计算

利用推移质采样器实测输沙率，要首先计算各取样垂线的单宽推移质输沙率，即

$$q_b = \frac{100 W_b}{t b_k} \qquad (6-8)$$

式中　q_b——单宽推移质输沙率，g/(s·m)；

　　　W_b——推移质沙样重，g；

　　　t——取样历时，s；

　　　b_k——取样器的进口宽度，cm。

断面推移质输沙率用下式计算：

$$Q_b = \frac{1}{2000} K \left[q_{b1} b_1 + (q_{b1} + q_{b2}) b_2 + \cdots + (q_{bn-1} + q_{bn}) b_{n-1} + q_{bn} b_n \right] \qquad (6-9)$$

式中　　　　Q_b——断面推移质输沙率，kg/s；

q_{b1}，q_{b2}，$\cdots$，q_{bn}——各垂线单宽推移质输沙率，g/(s・m)；

b_2，b_3，$\cdots$，b_{n-1}——各取样垂线间的间距，m；

b_1，b_n——两端取样垂线至推移质运动边界的距离，m；

K——修正系数，为采样器采样效率的倒数，通过率定求得。

6.2.3　河床质测验

河床质测验的基本工作是采取测验断面或测验河段的河床质泥沙，并进行颗粒分析。河床质的颗粒级配资料可供分析研究悬移质和单宽推移质输沙率沿断面横向的变化，同时又是研究河床冲淤，利用理论公式推估推移质输沙率和河床糙率等的基本资料。

采集河床质沙样，可使用专门的河床质采样器。采样器应能取得河床表层 0.1～0.2m 以内的沙样，仪器向上提时器内沙样不得流失。国内目前使用的沙质河床质采样器有圆锥式、钻头式、悬锤式等，卵石河床质采样器有锹式、蚌式等。河床质的测验，一般只在悬移质和推移质测验作颗粒分析的各测次进行。取样垂线尽可能和悬移质、推移质输沙率测验各垂线位置相同。

6.3　泥 沙 观 测 误 差

悬移质输沙率的测验误差，主要来源于测验方法、仪器性能、操作技术和水样处理等方面。

6.3.1　测验方法误差控制

对测验方法所产生的系统误差，应从下列各方面进行控制。

（1）一、二类站采用按容积比例进行垂线混合时，应经试验分析检验，当误差超限时，应改进垂线取样方法。

（2）一类站的输沙率测验，除水深小于 0.75m 外，不得采用一点法。

（3）一类站用五点法测验时，如无试验资料证明，其最低点位置，可置于相对水深 0.95 处。

（4）一类站采用积深法取样时，仪器进水管嘴至河底距离不宜超过垂线水深的 5%。

（5）当含沙量横向分布和断面发生较大变化时，应及时分析资料，调整测沙垂线位置和垂线数目。

6.3.2　仪器性能和操作的误差控制

对测验仪器和操作技术所产生的系统误差，应从下列各方面进行控制。

（1）一类站不宜采用横式采样器。

（2）当悬索偏角超过 30°时，不宜采用积深法取样。

（3）使用积时式采样器，应经常检查仪器进口流速，发现显著偏大或偏小时，应查明原因，及时处理。

（4）在各种测验设备条件下，应保证仪器能准确地放至取样位置。

（5）缆道测沙使用普通瓶式采样器时，宜用手工操作双程积深法。

（6）用积时式采样器取样，应检查和清除管嘴积沙。

经过试验确定的水样处理的各种系统误差超限时，应进行改正。

6.3.3 单沙含量测验误差控制

对于单样含沙量的测验误差，包括单次测验的综合误差和测次分布不足的误差，应按以下规定进行控制：

（1）单次测验误差，主要来源于垂线布设位置、垂线取样方法、仪器性能、操作技术及水样处理等方面。除了严格执行有关规定外，对取样垂线位置，应经常注意含沙量横向分布和单断沙关系的变化，发现明显变化时，应及时调整垂线位置；若断面上游附近有较大支流汇入或可能产生河道异重流时，应适当增加垂线数目或增加垂线上靠近底部的测点。

（2）测次分布，在洪水组成比较复杂、水沙峰过程不一致的情况下，除根据水位转折变化加测外，还应用简易方法估测含沙量，掌握含沙量的转折点并适时取样。

（3）因特殊困难必须在靠近水边取样时，应避开塌岸或其他非正常水流的影响，以保证水样具有一定代表性。

当断面上游进行工程措施或人工挖沙、淘金等造成局部性泥沙现象时，应及时查清泥沙来源和影响河段范围，并将情况记录在册，以便整编资料中注明。

6.3.4 烘干法处理水样的误差控制

用烘干法处理水样时，应采取下列技术措施对误差进行控制：

（1）量水样容积的量具，必须经检验合格；观读容积时，视线应与水面齐平，读数以弯液面下缘为准。

（2）沉淀浓缩水样，必须严格按确定的沉淀时间进行。在抽吸清水时，不得吸出底部泥沙。吸具宜采用底端封闭，四周开有小孔的吸管。

（3）河水溶解质影响误差，可采用减少烘杯中的清水容积或增加取样数量进行控制。

（4）控制沙样烘干后的吸湿影响误差，应使干燥器中的干燥剂经常保持良好的吸湿作用，天平箱内、外环境应保持干燥。

（5）使用天平称重，应定期进行检查校正。

实训项目 7　悬移质水样处理

实训任务：掌握悬移质水样处理方法，独立完成水样含沙量测验。

实训设备：取样器、量杯、烧杯、烘干机、电子天平等。

实训指导：测定水样中悬移质泥沙质量的过程，称为水样处理，采用的方法主要有烘干法、置换法和过滤法三种。工作内容包括量积、沉淀、称重等。

$$C_s = \frac{W_s}{V}$$

式中　C_s——水样的含沙量，g/L 或 kg/m³；

　　　W_s——水样中的干沙重量，g 或 kg；

　　　V——水样体积，L 或 m³。

1. 烘干法测定水样含沙量试验步骤

（1）河水中溶解质质量与沙质量之比，对于一、二、三类测站分别大于 1.0%、1.5%、3.0%时，应对溶解质的影响进行改正。

（2）量水样容积。宜在取样现场进行，量容积读数误差不得大于水样容积的 1%；所取水样，应全部参加量容积，并在量容积过程中，不得使水样容积和泥沙减少或增加。

（3）沉淀浓缩水样。水样的沉淀时间应根据试验确定，不得少于 24h，因沉淀时间不足而产生沙质量损失的相对误差，一、二、三类测站分别不得大于 1.0%、1.5% 和 2.0%，当洪水期与平水期的细颗粒相对含量相差悬殊时，应分别试验确定沉淀时间。当细颗粒泥沙含量较多，达到上述要求有困难时，应作细沙损失改正。不作颗粒分析的水样，需要时可加氯化钙或明矾液凝聚剂加速沉淀，凝聚剂的浓度及用量，应经试验确定。水样经沉淀后，可用虹吸管将上部清水吸出，吸水时不得吸出底部的泥沙。

（4）烘杯及称质量。烘干烧杯时，应先将烧杯洗净，放入温度为 100～110℃烘箱中烘干，稍后，移入干燥器内冷却至室温，再称烧杯质量。

（5）沙样烘干称质量。用少量清水将浓缩水样全部冲入烧杯，加热至无流动水时，移入烘箱，在温度为 100～110℃时烘干。相邻两次时差 2h 的烘干沙质量之差，不大于天平感量时，可采用前次时间为烘干时间，烘干后的沙样，应及时移入干燥器中冷却至室温后，用 1mg 感量天平称质量。

（6）计算泥沙质量与水样含沙量。

2. 过滤法测定水样含沙量试验步骤

（1）量水样容积（同烘干法处理水样试验步骤）。

（2）沉淀浓缩水样（同烘干法处理水样试验步骤）。

(3) 过滤纸烘干称质量。

选用滤纸应经过试验，滤纸应质地紧密、坚韧，烘干后吸湿性小，含可溶性物质和滑沙少。滤纸可溶性物质的质量和泥沙质量之比对于一、二、三类测站分别大于 1.0%、1.5%、2.0% 时，必须采用浸水后的烘干滤纸质量；漏沙质量和泥沙质量之比，相对各站分别大于 1.0%、1.5%、2.0% 时，应作漏沙改正。在含沙量小（每个沙样沙质量小于 0.5～1.0g）的测站，滤纸应逐张折叠，放在烘杯内，在温度 100～105℃ 的烘箱中烘约 2h，自烘箱取出后，再将它放在干燥器内冷却至室内温度，然后称烧坏和滤纸总质量，并算出滤纸质量。含沙量大的测站，烘干滤纸时可不用烧杯。

(4) 过滤泥沙。

根据水样容积大小，可采用浓缩水样或不经浓缩而直接过滤，在滤沙过程中，滤纸内浑水面必须低于滤纸边缘；并且将水样容器内残留的泥沙全部用清水冲于滤纸上过滤。

(5) 沙包烘干（用感量 1mg 天平）称质量。

沙包烘干时间不得少于 2h，由试验确定时间。烘干后的沙样，应放在干燥器中冷却，干燥器中应放置足够多数量的干燥剂。尽量减少干燥器开启次数，尽量减少沙包吸湿影响。

(6) 计算滤沙质量与水样含沙量。

3. 置换法测定水样含沙量试验步骤

(1) 量水样容积（同烘干法处理水样试验步骤）。

(2) 沉淀浓缩水样（同烘干法处理水样试验步骤）。

(3) 检定比重瓶。

将待检定的比重瓶洗净，注满清水，插好瓶塞，用手指抹去塞顶水分，用毛巾擦干瓶身，再放入天平称瓶加清水质量。然后，拔去瓶塞，迅速测定瓶内水温；重复测定 2 次，2 次称质量之差不大于天平感量的 2 倍，取用平均值。待室温每变化 5℃ 左右时，再按上述步骤，称瓶加清水质量及测定水温，直至取得所需各级温度的全部检定资料为止。点绘比重瓶加清水质量与温度关系曲线，以便使用。

(4) 测定瓶加浑水质量及浑水的温度。

水样浑水装入比重瓶后，瓶内不得有气泡；同时比重瓶内浑水应充满比重瓶瓶塞上的塞孔，然后用干毛巾擦干瓶处水分，称瓶加浑水质量，并用水温计迅速测定瓶内水温。

(5) 计算泥沙质量与水样含沙量。

4. 称重操作指导

(1) 天平的选用。

1) 称重所用天平的精度，应根据一年内大部分时期的含沙量确定。在一年内大部分时期的含沙量小于 1.0kg/m³ 的测站，应使用 1000g/1g 天平；大于 1.0kg/m³ 的测站，可使用 1000g/1g 或 1000g/1g 天平。

2）在多沙河流，一年内含沙量小于 $1.0\mathrm{kg/m^3}$ 的时间虽长，但占全年输沙总量的比例却很小时，可由有关领导机关根据具体情况确定所用天平的精度。

（2）使用天平的注意事项。

1）安置天平时须注意使其支柱垂直，并在天平箱内放置干燥剂（如氯化钙、变色硅胶等）。

2）每次使用前，应将天平的平梁放下，检查在稳定时指针是否对准零点，必要时需进行调整。

3）启、闭天平箱及升降天平架时，要小心缓慢。

4）称重时，操作应熟练准确，不可把没有经过充分冷却的沙包拿出称重，也不可将没有擦干的比重瓶放入天平盘内称重。

5）在天平摆动时，不得调整天平盘内的砝码或称重物体。取下或放上砝码之前，务必先架起平梁，以免损坏刀口。

6）取、放砝码或轻微的称重物体，需用镊子，不得徒手进行。

7）不得用天平去称重量超过其允许荷重的物体。

8）在停止使用时，一定要把天平架起，不得任其自由摆动。

9）使用完毕，要检查砝码是否全部放在盒内原来位置，不要乱放或遗失。

10）若天平开关一面正对工作人员，则在开或关时，应屏住呼吸或在工作时戴上口罩。

11）测站天平应定期检查校正。

12）除上列要求外，在天平的安置、使用、养护各方面，还应按照仪器说明书的有关规定进行。

情景 7 水 文 调 查

目前采集水文信息的主要途径是前面章节介绍的定位观测。由于设站的时间一般不长，定位观测亦有时间、空间的限制等原因，收集的信息往往不能满足生产需要。如水利水电工程设计当中需要了解最大流量、最大暴雨、最小流量等特征数据时，必须通过水文调查来了解几十年或几百年内历史上发生的洪水、枯水情况，来补充定位观测的不足，使水文资料更加系统完整，更好地满足水资源开发利用、水利水电建设及其他国民经济建设的需要。可见水文调查也是收集水文信息的一种重要手段。

水文调查的内容可分为：流域调查、水量调查、洪水与暴雨调查、其他专项调查四大类。本文主要介绍洪水、暴雨与枯水调查。

7.1 洪 水 调 查

洪水调查中，对历史上大洪水的调查，有计划地组织调查；当年特大洪水，应及时组织调查；对河道决口、水库溃坝等灾害性洪水，力争在情况发生时或情况发生后的较短时间内进行有关调查。

洪水调查工作，包括了解流域自然地理情况，了解调查河段的河槽情况，测量调查河段的纵横断面，必要时应在调查河段进行简易地形测量，收集有关流域及调查河段的地形图、历史文献（如省志、县志等）中有关记载、附近水文站信息及有关气象台站的气象资料，调查洪水痕迹、洪水发生的时间、灾情测量、洪水痕迹的高程；对调查成果进行分析，推算洪水总量、洪峰流量、洪水过程及重现期，最后写出调查报告。

经过多次的调查和了解，发现散布在长江干、支流各地的有关洪水的零星题刻，总计约近千数，长江干流发现有 150 处题刻（图 7 - 1），洪水题刻年份有宋代：1153 年、1227年；明代：1520 年、1560 年；清代：1788 年、1796 年、1847 年、1860 年、1863 年、1870 年、1892 年、1896 年、1905 年；辛亥革命以后：1917 年、1924 年。这些洪水题刻多分布在文物古迹所在地，大多刻在小溪汇入大江处的倒漾水缓地带。这些洪水题刻是推求历史洪水重现期的重要参考资料。

实地调查洪水痕迹，以便定量地求出洪水的大小，主要是访问当地老居民，如渡口工人等，仔细了解历史上洪水发生的情况，发生过几次大洪水，哪年最大，哪年次之，各次洪水发生的日期、涨落过程、河道变迁情况等，详细定出每次历史洪水痕迹的位置，一般应在河段两岸进行，调查的洪水痕迹不得少于 3 个，以便相互参证。

计算洪峰流量时，若调查的洪痕靠近某一水文站，可先求水文站基本水尺断面处的洪水位高程，通过延长该站的水位—流量关系曲线，推求洪峰流量。

在新调查的河段无水文站情况下，洪水调查的洪峰流量，可采用下列公式估算。

忠县李家石磐洪水题记

涪陵峰子岩的
洪峰题记"仐"（上）

涪陵两汇场的洪峰水位标记"仐"（上）

云阳飞滩子的洪峰标记"乙"

图 7-1（一）　长江历史特大洪水石刻

涪陵陈家嘴
洪水题记（下）

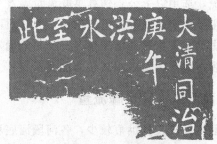

云阳张飞庙洪水题记（上）

孝感文庙洪水题记（上）

图 7-1（二） 长江历史特大洪水石刻

7.1.1 用比降法计算洪峰流量

1. 匀直河段洪峰流量计算

$$Q = KS^{\frac{1}{2}} \tag{7-1}$$

式中 Q——洪峰流量，m^3/s；

S——水面比降，‰；

K——河段平均输水率，$K = \dfrac{1}{n}AR^{\frac{2}{3}}$，其中 n 为糙率，A 为河段平均断面积，m^2，

R 为河段平均水力半径，m。

2. 非匀直河段洪峰流量计算

$$Q = KS_e^{\frac{1}{2}} \tag{7-2}$$

$$S_e = \frac{h_f}{L} = \frac{h + \left(\dfrac{\overline{V_{\pm}^2}}{2g} - \dfrac{\overline{V_{\mp}^2}}{2g}\right)}{L} \tag{7-3}$$

式中 S_e——能面比降；

h_f——两断面间的摩阻损失，m；

h——上、下两断面的水面落差，m；

$\overline{V_{\pm}}$、$\overline{V_{\mp}}$——上下两断面的平均流速，m/s；

L——两断面间距，m。

3. 考虑扩散及弯曲损失时的洪峰流量推算

$$Q = K\sqrt{\frac{h + (1-\alpha)\left(\dfrac{\overline{V_{\pm}^2}}{2g} - \dfrac{\overline{V_{\mp}^2}}{2g}\right)}{L}} \tag{7-4}$$

式中 α——扩散、弯道损失系数，一般取 0.5。

视不同情况，选用以上公式估算洪峰流量。

此法精度主要决定于糙率 n 值的选用，因此对糙率变化范围要进行仔细分析研究，而且还要注意历史洪水发生时的糙率情况。糙率 n 确定，可根据实测成果绘水位糙率曲线备查，或查糙率表，或参考附近水文站的糙率资料。

7.1.2　用水面曲线推算洪峰流量

当所调查的河段较长且洪痕较少，各河段河底坡降及断面变化、洪水水面曲线比较曲折时，不宜用比降法计算，可用水面曲线法推求洪峰流量。

水面曲线法的工作原理是：假定流量 Q，由所估定的各段河道糙率 n，自下游已知的洪水水面点起，向上游逐段推算水面线，然后检查该水面线与各洪痕的符合程度。如大部分符合，表明所假定流量正确；否则，重新修订 Q 值，再推算水面线直至大部分洪痕符合为止。

河道设计水面线分析计算采用水力学公式和试算法确定。水力学公式采用水位沿程变化的关系式：

$$\frac{\mathrm{d}z}{\mathrm{d}s} = (\alpha + \xi)\frac{\mathrm{d}}{\mathrm{d}s}\left(\frac{v^2}{2g}\right) + \frac{Q^2}{K^2} \tag{7-5}$$

特征流量为
$$K^2 = C^2 A^2 R = C^2 h^3 b^2 \tag{7-6}$$

将式（7-6）改写成差分形式再移项可得式（7-7）：

$$z_v + (\alpha + \xi)\frac{Q^2}{2gA_v^2} - \frac{\Delta s}{2}\frac{Q^2}{k_v^2} = z_d + (\alpha + \xi)\frac{Q^2}{2gA_d^2} - \frac{\Delta s}{2}\frac{Q^2}{k_d^2} \tag{7-7}$$

式中　z_v、z_d——上、下游断面水位；

　　　　α——动能修正系数，$\alpha = 1.15$；

　　　　ξ——局部阻力系数，逐渐扩散段可取 $-0.33 \sim 0.55$，急剧扩散段可取 -0.5 ~ 1.0；

　　　　Q——流量；

　　　　A——过水面积；

　　　　g——重力加速度；

　　　　K——流量模数；

　　　　Δs——上、下游断面间距。

调查时若能了解到洪水涨落情况，则可以粗略地估绘出洪水过程线，并求出洪水总量，但精度较差。

7.2　暴 雨 调 查

以降雨为洪水成因的地区，洪水的大小与暴雨大小密切相关，暴雨调查资料对洪水调查成果起旁证作用。洪水过程线的绘制，洪水的地区组成，也需要组合面上暴雨资料进行分析。

暴雨调查的主要内容有：暴雨成因、暴雨量、暴雨起讫时间、暴雨变化过程及前期雨量情况、暴雨走向及当时主要风向、风力变化等。

暴雨调查有两种，一是调查历史暴雨，二是调查现代暴雨。历史暴雨又可分为远期和近期的。对于远期的暴雨，由于时隔已久，只能作定性分析。对于近期暴雨，一般通过群众对当时雨势的回忆或与近期发生的某次大暴雨对比，得出定性概念；也可通过群众对当时地面坑塘积水、洼地、露天水缸或其他器皿承接雨量等情况作定量估计，并对一些雨量记录进行复核，对降雨的时空分布作出估计。调查现行暴雨有时是为了了解暴雨地区分布情况，调查的条件较为有利，对雨量、雨势、降雨过程可以了解得更具体，还可参考附近雨量站记录，综合分析估算出降水量及其过程。

7.3 枯 水 调 查

枯水流量是水文分析计算中不可缺少的资料，历史枯水调查的目的在于掌握江河最低水量的历史变化规律，避免因实测年限过短而对水文现象认识不足造成损失。枯水水文的研究与应用，不仅与内河航运、农田灌溉、厂矿给水有关，而且与水电建设有关。枯水水量变化的大小及其持续时间的长短，直接影响电站的发电能力，特别是调节库容量较小的径流式电站、引水式电站与枯水水量的关系就更为密切。

历史枯水的调查工作必须在水位极枯或较枯的时候才能进行，不像对洪水的调查那样，随时都可以进行。河流沿岸的古代遗址、古代墓葬、古代建筑物、记载水情的碑刻题记等考古实物以及文献资料，都是进行历史水文调查的重要资料。调查方法与洪水调查方法基本相似，一般比历史洪水调查更为困难。通常情况，历史枯水调查都难以找出枯水痕迹。只能根据当地较大旱灾的旱情，无雨天数，河水是否干涸断流，水深情况等分析估算出当时最枯流量、最低水位及发生时间。当年枯水调查，可以结合抗旱灌溉用水调查进行。当河道断流时，应调查开始时间和延续天数；有流水时，可用简易测流法，估测最小流量。

我国水文工作者通过几十年的调查，发现了很多有意义的史料。如四川涪陵长江江心白鹤梁石鱼题刻，是目前宜渝河段中保存最好、最有价值的资料，是探索长江上游枯水水文规律的主要依据。经过长期调查，先后在白鹤梁上发现题刻文字共163段，其中以宋代最多，约百段左右，元、明、清代次之。石鱼水标，就是在石岩上面雕刻的鱼形图案，并用它来作为衡量江水水位高低的标志。白鹤梁上现存的浮雕和线雕的大小鱼形图案有14个之多（图7-2、图7-3），各时代题刻文字的内容又多以石鱼为标准并记载当年石鱼出没的情况（图7-4）。综观文献资料及现存石刻题记，石鱼应始于唐广德二年（公元764

图7-2 四川涪陵白鹤梁石鱼水标

年）前，现存的163段石鱼题刻资料经整理研究，其中有价值者有103段，得到了1200年间的长江枯水系列的宝贵资料，获得了72个石鱼水标以下的断续的枯水水文年份。

图7-3 四川涪陵白鹤梁《重镌双鱼记》

碑文："涪江石鱼，镌于波底，现则岁丰，数千百年来传为盛事。康熙乙丑春五水落，而鱼复出。望前二日，偕同人往观之，仿佛双鱼冥莲隐跃。盖因岁久剥落，形质模糊几不可问，遂命石工可而新之，碑不至湮没无传，且以望丰亨之永兆云尔。……"

"江水至此鱼下五尺"

"鱼在水尚一尺"

"鱼出水面六尺"

"水齐至此"

图7-4 涪陵白鹤梁上部分石刻题记

110

调查同时发现，奉节白帝城附近的小滟预堆的悬岩上，前人曾立两碑石于岩壁上，作为枯水水位标志（图 7-5）。另外，在四川云阳城南长江中、重庆朝天门灵石等题刻中都记载了汉、晋、唐、宋、清各代 17 个枯水年份。这些为涪陵白鹤梁的水位记载提供了强有力的证明。

"访诸故老皆云：数十年所未见，闻前清嘉庆纪元亦曾大落，究末有若斯之甚。……"

图 7-5　奉节白帝城石刻枯水题记

通过调查，以实物资料和文献记载相印证，给我们提供了从唐代广德二年至今 1200 余年来的历史水文证据（表 7-1），使我们弄清了不少古代极枯和较枯的水文年代。这些极枯和较枯的水文年代，一般发生时间是在每年的二至三月，而有些极枯的年份，如公元 764 年、1796 年，枯水延续时间直到该年的四月份。这些宝贵的历史枯水记录，说明了三五年就有一次枯水发生，十年或数十年就有一次较枯或极枯水的出现，这是进行长江水利、水电建设十分有用的历史资料，不仅为长江的水利建设提供了大量的枯水水文资料，也是研究长江的水文规律的好材料。

表 7-1　　　　　　　　　涪陵白鹤梁石鱼题刻历代枯水水位高程记录表

公　元	朝　代　纪　元	高程（m）	题刻摘要
764 年 3 月 8 日～4 月 5 日	唐广德□□春二月岁次甲辰	−0.08	谢昌瑜等状申：古记云：江水退，石鱼出见，下去水四尺
971 年 3 月 9 日	宋开宝四年二月辛卯朔十日丙□（子）	−0.08	谢昌瑜等状申：今又复见者
1074 年 2 月 22 日	宋熙宁七年正月廿四日	−0.08	韩震题记：广德年鱼去水四尺，今又过之
1074～1075 年	宋熙宁七年	−0.13	水齐至此
1086 年 2 月 23 日	宋元丰九年次丙寅二月七日	−0.16	郑颙等题记：江水至此鱼下五尺
1107 年 1 月 30 日	宋大观元年正月壬辰	−0.32	庞恭孙等题记：水去鱼下七尺
1129 年 2 月 11 日	宋建炎巳酉正月廿一日	−0.24	陈似题记：时鱼去水六尺

续表

公　元	朝代纪元	高程（m）	题刻摘要
1138 年 1 月 23 日～2 月 1 日	宋绍兴丁巳十二月中休日	−0.16	贾思诚等题记：鱼出水面数尺
1138 年 1 月 23 日～2 月 1 日	宋绍兴丁巳十二月中休日	+0.13	贾思诚等题记
1138 年 1 月 24 日	宋绍兴丁巳季冬十二日	<+0.33	贾思诚题记
1140 年 2 月 9 日	绍兴庚申首春巳末	<−0.63	孙仁宅等题记（横刻）
1140 年 3 月 2 日	宋绍兴庚申仲春十二日	<+0.23	张彦中等题记
1144 年 2 月 3 日	宋绍兴十三年除夕前二日	+0.38	李景等题记：鱼在水尚一尺
1145 年 2 月 24 日～3 月 5 日	宋绍兴乙丑仲春上休日	−0.08	杨谞等题记：石鱼出水四尺
1148 年 2 月 22 日～3 月 21 日	宋绍兴戊辰中春	<+0.27	邓子华题记
1148 年 2 月 19 日	宋绍兴戊辰正月二十有八日	−0.16	何宪等倡和诗：鱼出水数尺（以五尺计）
1156 年	宋绍兴丙子	+0.12	张松兑题记：石鱼去水无尺许
1171 年 2 月 7 日	宋乾道辛卯元日	<−0.10	谭深之等题记（倒刻）
1178 年 1 月 23 日	宋淳熙五年正月三日	0.00	陶仲卿题记：水落鱼下三尺
1178 年 1 月 27 日	宋淳熙戊戌人日	<+0.10	冯和叔等题记
1179 年	宋淳熙己亥	−0.08	朱永裔题记：鱼出水几四尺（以四尺计）
1184 年 2 月 20 日	宋淳熙甲辰人日	<+0.21	夏敏彦等题记
1226 年 2 月 6 日	宋宝庆丙戌谷日	−0.24	李玉新题记：石鱼出水面六尺
1226 年	宋宝庆丙戌	+0.20	宝庆丙戌水齐此
1258 年 3 月 4 日	宋宝裕戊午正月戊寅	<+0.09	何震武等题记
1329 年 1 月 31 日～4 月 29 日	元天历己巳春	+0.08	宣侯题记：水去鱼下二尺（横刻）
1330 年 2 月 3 日	元天历庚午上元日	−0.16	宣侯题记：覆去五尺
1404 年 2 月 3 日	明永乐甲申	<+0.06	雷毅题记
1405 年 3 月 2 日	明永乐乙酉仲春二日	−0.16	雷毅题记：水去鱼下五尺
1453 年	明景泰四年癸酉	<−0.19	□□题记
1459 年 3 月 5 日	明天顺三年仲春月吉旦	<−0.06	戴良军题记
1589 年	明万历己丑	+0.16	江应晓诗：水底影浮刚一尺
1685 年 2 月 15 日～4 月 16 日	清康熙乙丑春望前二日	<+0.10	肖星拱题记
1796 年 4 月 25 日	清嘉庆元年三月十八日	−0.43	陈鹏翼等题记：至此犹下八尺多

情景 8 水信息系统

8.1 水信息系统基本概念

水信息系统包括为实现水利信息化而建设的通信系统、计算机网络系统以及各种应用系统等。主要包括防汛、抗旱、抢险、救灾、工程建设和管理、水资源管理、水环境保护、水利电子政务以及其他为水利工作服务的信息系统。常见的水信息系统包括：水文水资源信息管理系统、防汛应急指挥调度系统、水资源实时监控与管理系统、水情信息及洪水预报预测业务系统、实时水情信息系统等。

8.1.1 水文水资源信息管理系统

该系统通过引入先进的通信技术组成水利工程监控网络，运用计算机远程监控技术，对水库、水闸、堤防、河道的建设信息和运行信息进行监控，建立实时及历史数据库供工程运行管理部门和相关监督部门分析统计，为防洪保安、水资源调度与管理、水工程应用等水事活动提供数据支持。

8.1.2 防汛应急指挥调度系统

防汛应急指挥调度系统主要的功能是应对洪水汛情，是保证各应急部门指挥调度的系统。该系统包括防汛指挥三维决策支持平台、山洪灾害防御监测预警系统、汛情远程视频监视、旱情远程监测、灾情评估、防汛会商、防洪调度、洪水预警系统和洪水风险图等。

8.1.3 水资源实时监控与管理系统

水资源实时监控与管理系统遵循"统一规划、分步实施，业务为主、技术跟进，统一标准、并行推进，数据集中、业务集成"的原则，采用软件质量保证（SQA）设计及WebService技术，用于实现应急指挥调度、信息管理、水雨情服务、工情服务及水环境监控等功能。该系统实现了对水资源动态监测、数据采集、实时传输、信息存储管理和在线分析处理等功能，并根据已建立的水量、水质和水环境分析模型，实现对水资源的远程控制和综合管理。

8.1.4 水情信息及洪水预报预测业务系统

系统是一个以实时综合数据库为中心，以计算机网络为依托，以水文模型方法库为基础，以科学、准确、真实、全面地提供水情信息服务为目标，集水情信息处理、监视、查询、洪水预报和洪水预测分析等功能为一体的业务系统。它应用地理信息系统、数据库和网络等技术进行空间数据、地理信息及水雨情数据存储、处理、检索和查询，实现了在流域基本水文资料、地理信息支持下的实时水雨情信息监视和自动预警。

8.1.5 实时水情信息系统

系统采用计算机网络及数据通信、数据动态路由选择、数据库复制及 WWW 服务等先进技术，实现了信息流程的分支与合并，无差错的数据传输与共享，数据路由备份，水情报表输出，WEB 查询等功能，解决了多系统集成的信息交换与共享，不同信息源的数据通信与自动处理等问题。该系统按照国家防汛指挥系统的要求，坚持水情中心和水情分中心建设的原则，对水情进行实时监控，及时了解各项水情信息并将其反映出来。

8.2 水雨情自动监测系统

水雨情自动监测系统是采用现代科技对水文信息进行实时遥测、传送和处理的专门技术，是有效解决江河流域及水库洪水预报、防洪调度及水资源合理利用的先进手段。它综合了水文、电子、电信、传感器和计算机等多学科的有关最新成果，用于水文测量和计算，提高了水雨情测报速度和洪水预报精度，改变了以往仅靠人工观测水雨情数据的落后状况，扩大了水雨情测报范围，对江河流域及水库安全度汛和电厂经济运行以及水资源合理利用等方面都能发挥重大作用。

水雨情自动监测系统由遥测站实现水雨情信息的遥控采集、在线监测以及监测信息的实时自动传输，最后由水情中心、分中心的计算机控制中心进行数据汇总、整理及综合分析统计。

8.2.1 遥测站

水情遥测站一般由遥测终端机 RTU、外部供电系统（如交流稳压电源、太阳能板等）、各种相应避雷器（如天线避雷器、电话线避雷器等）、无线馈线系统（无线系统）、各种水情数据传感器（如雨量传感器、水位计等）等组成。根据通信方式，选择各种通信设备，如无线电台、（有线或无线）调制解调器、卫星通信模块、光纤通信光端机、GSM/GPRS 通信设备等。

1. 遥测终端机 RTU

RTU（Remote Terminal Unit）是构成遥测站的基本设备，它通过微处理机控制器（MCU）及嵌入式软件，根据实际应用需要进行编程，实现了本地水雨情信息的采集、处理、存储，在通信协议支持下实现与远端的中心站或其他远程设备之间的通信。

2. 传感器

传感器是实现测量及控制的首要环节，一般传感器有模拟式和数字式两类，模拟式传感器，在和计算机及数字化仪器相连的时候必须采用 A/D 转换器把模拟量转换为数字量，且易受电磁干扰，不利于远距离传输。数字式传感器直接将待测量转换为数字量输出，其输出信号抗干扰能力强，功耗小，可与数字设备直接连接。数字式传感器的这些特点，特别适合应用于水情遥测系统。

8.2.2　通信网络

水雨情自动监测系统的工作流程决定了其对通信的高度依赖性，系统正常工作的前提是通信可靠，水雨情信息传输的链路保持畅通。但由于系统中各遥测站点分布广，数量多，工作环境条件恶劣，因此，高可靠性、低运行费用、易维护的通信组网方案设计是水雨情自动测报系统的重要组成部分。目前常用的通信方式有：超短波、PSTN、卫星、短波、GPRS/GSM 等。

1. 超短波通信

一般将频率为 30～1000MHz 的频段称为超短波。超短波具有一定的绕射能力，同时信号稳定，衰减程度小，很适合于构成中小流域的遥测网。超短波通信是目前水文自动测报系统中应用最广泛、最成功的一种通信方式。它的传输质量介于短波和微波通信之间。超短波通信既克服了微波通信的局限性，又比短波通信的质量稳定、可靠。

由遥测站、中继站和中心站组成的超短波水文自动监测系统具有以下特点：

（1）信道稳定，一般不受气候的影响，通信质量好，在汛期能发挥很好的作用。

（2）技术成熟，设备可靠，集成配套容易，投资省，建设周期短，易于实现。

（3）实时性强，能满足防汛调度的需要。

（4）功耗低，采用太阳能电池板对蓄电池浮充电的供电方式，能保证遥测设备常年不间断运行工作。

（5）可靠性高，使用、维护方便。遥测站和中继站只要委托当地老乡代为看护，不需要人员值班守候。

超短波信道也存在以下缺点：

（1）由于超短波传播距离一般比较短，若要远距离传输不得不采用多级串联中继，将使系统可靠性降低。很明显，只要有一个中继站发生故障，就收不到数据，而且中继站一般建在地势较高的地方，易遭雷击，故障的概率相对较大。

（2）因为中继站要建在较高的山上，增加了维修的困难。中继站一旦出问题，通信中断将不可避免。

（3）中继站的建设投资大。在高山上施工条件艰苦，地质条件极差，避雷地网接地电阻很难降到 10Ω 以下，要达到满意的效果必须增加投资。

2. PSTN 通信

PSTN 通信是公共交换电话网络（Public Switched Telephone Network）的简称，是一种技术成熟，基于电路交换的有线网络。在水雨情自动监测系统中，PSTN 信道具有如下优点：

（1）不需要购置昂贵的通信设备，信道投资费用少，适用地域广。

（2）不需要申请专门的频道或信道。

（3）需要专门的人员维护信道，节省维护费。

但 PSTN 信道传送也存在着以下缺点：

（1）流域所在地区大部分是在农村，由于要用农话信道，通信质量不稳定。特别是在台风暴雨期间，信道质量不能得到很好的保证。

（2）由于受电话呼损率影响，数据实时性较差。

（3）通信费用随数据流量的增加而增长。

3. 卫星通信

卫星通信是利用人造地球卫星作为中继站转发无线电波，实现站点之间数据通信的一种方式，使用频率为300MHz～300GHz。目前，国内应用于水情自动测报系统通信的卫星主要有：同步气象卫星、海事卫星（Inmarsat－C）、VAST卫星、北斗卫星等。随着卫星通信技术的迅猛发展，卫星通信在国内水情自动测报系统中已得到广泛运用。但由于受卫星转发器和地面设备的限制，使它在运用中受到一些限制。与传统的水情自动测报系统通信方式相比，卫星通信设备采购费用和传输费用偏高，其通信终端的购置成本为超短波通信设备的10倍以上，信息传输费用是PSTN通信传输费用的5倍以上。目前卫星通信终端的功耗仍旧偏高（如海事卫星终端发射时功耗为81W），遥测站需要配置较大的电源系统，增加了系统建设成本和野外维护工作量。

4. 短波通信

短波是指频率在3～30MHz的频段。利用短波被电离层反射，能够传播到数百乃至数千公里远处的特点，进行远距离通信。对于地形复杂，测站距离较远的测报系统，可直接跨越，不需设中继站。短波通信的优点是传输距离远，受地形限制少，建设较快，抗破坏能力强，价格便宜，但短波通信存在的主要缺点是：短波通信属时变信道，通信质量不稳定。

5. GPRS/GSM

利用GPRS/GSM的通信组网方式，可以减少中继站的建设，缩小维护范围，节省维护费，在很大程度上降低了整个监测系统的总投资。采用GPRS/GSM系统来传输的优势是：

（1）实时性强：GPRS/GSM网络具有永远在线的特点，可随时发送数据信息。

（2）稳定性好，覆盖面广：GPRS/GSM网络依托通信公司遍布全国的基站和维护队伍，基本上在移动手机有信号的地方都可以使用，出现问题可以快速恢复。

（3）安全性高：水利部门可向通信公司申请专用的APN，并采用专线接入方式，使用加密技术，保证数据的安全性。

8.2.3　监控中心

监控中心通过计算机网络技术、数据库技术和软件平台实现远程监控功能。监控中心存有各监测站点的信息，在系统运行的过程中，监控中心可对水雨情终端的运行参数（如水位/雨量的报警限，终端主动发起通信的时间等）进行设定，并可在计算机上以曲线、图形的方式动态显示监测站点的水位、雨量的变化情况，便于水文工作人员直观地对监测点的情况进行观察和分析。监控中心由无线通信设备、中心计算机网络和水情信息处理收发等专业软件及相应数据显示打印设备等组成。

8.3　山洪灾害防治预警系统

山洪灾害防治预警系统主要包括水雨情监测系统、监测预警平台以及预警系统三部分组成。考虑防御泥石流、滑坡等灾害的要求，系统预留接收气象、国土等相关专业部门信息的接口。

8.3.1　水雨情监测系统

1. 站点分类

水雨情监测主要包括雨量站、水位站。雨量站监测雨量信息，水位站监测雨量和水位信息。根据山洪灾害预警的需要和各地的建站条件，考虑山洪灾害威胁区地形地貌复杂，降雨分布不均，群众居住分散，地方经济发展不均衡等实际情况，水雨情监测站可建成简易站和自动站。其监测方式及报汛工作体制要求如下：

（1）简易监测站。

为扩大水雨情信息监测的覆盖面，充分发挥村组自防自救的作用，因地制宜地配置简易的雨量、水位监测设施，由乡、村、组采用直观、可行的监测方法进行水雨情信息的监测。利用本区域适用的预警方式进行信息发布，达到群测群防的目的。简易雨量站、水位站采用有雨定时监测，大到暴雨或水位上涨加密监测的工作形式，及时上报和通知下游相关村组。

（2）自动监测站。

为及时掌握山洪灾害威胁区的雨水情信息，应根据本地区的暴雨洪水特性、区域分布和人员居住、经济布局条件，设立自动监测雨量、水位站点。采用有人看管、无人值守的管理模式，实现水雨情信息的自动采集、传输。自动监测站采用自报式、查询—应答式相结合的遥测方式和定时自报、事件加报和召测兼容的工作体制；对超短波组网的自动监测站，则采用增量随机自报与定时自报兼容的工作体制。

2. 站点布设

（1）雨量站布设。

雨量站布设考虑分区控制、流域控制、地形控制等原则，同时充分考虑通信、交通等运行管理维护条件。在山洪灾害防治区内的行政村、自然村设立简易监测雨量站，在山洪灾害防治区内的暴雨高发区乡镇设立自动监测雨量站。并将已有的水文、气象等部门自动监测雨量站纳入本系统站网，其监测信息相应进入县级监测预警平台。

（2）水位站布设。

水位监测站应考虑不同流域面积，山洪灾害影响程度、影响范围和保护范围重要程度等实际情况因地制宜确定。在山洪易发溪河两岸居住的村组上游控制段和水库坝前设立简易监测水位站，在山洪易发溪河两岸居住的乡镇上游控制段和重点水库坝前设立自动监测水位站。布设地点应考虑预警时效、影响区域、控制范围等因素综合确定，并应考虑通信、交通等运行管理维护条件。已有的自动监测水位站应纳入本系统站网，其监测信息应进入县级监测预警平台。

3. 通信网络选择

通信网络是监测信息传输的媒质，是构成通信网的基本部分，研究组网方式就是要找出适合本设计的信道或信道组合。目前，可用于水文数据传输采用的信道主要有有线和无线通信两种，有线通信主要以程控电话网（PSTN）为主，无线通信方式有卫星、超短波

（UHF/VHF）、GSM 短信、GPRS 等。

信息传输通信网应从各地的山洪灾害监测工作实际出发，主要针对系统中的自动监测站的数据传输通信网络进行设计。各地应调查现有的公共通信资源。在充分利用公共通信资源的基础上，明确信息发往县级平台和水情分中心的通信方式。

通信网络选择一般原则为：对于已有公网覆盖的地区，一般应选用公网进行组网（GSM/GPRS）；对于公网未能覆盖的地区，一般宜选用卫星或超短波等通信方式进行组网；对于重要监测站且有条件的地区，可选用两种不同通信方式予以组网，实现互为备份、自动切换的功能，确保信息传输信道的畅通。

8.3.2 监测预警平台

监测预警平台，主要完成数据汇集、信息服务、信息上传、决策及预警发布等。在县级建立基于县级平台的山洪灾害预警系统，省、市/县、乡（镇）、村等各方面的山洪灾害防治相关信息汇集于县级平台，县级防汛部门根据系统信息，及时发布预报、警报；同时市/县、乡（镇）、村、组建立群测群防的组织体系，开展监测、预警工作。

1. 平台组成与功能

监测预警平台是山洪灾害监测预警系统数据信息处理和服务的核心，主要由计算机网络、数据库、应用系统组成，主要功能包括信息汇集、信息服务、预警信息发布模块等。

2. 信息汇集

信息汇集主要由数据接收处理单元（硬件设备）和实时数据接收处理软件构成。数据接收处理单元主要由数据接收通信设备、数据接收处理计算机、电源以及设备安装设施和避雷系统组成。

各自动监测站点的水雨情信息通过数据传输信道传输到平台后，进入数据接收处理计算机，通过数据接收软件实时完成监测站水雨情数据的实时接收处理，并存入数据库中。对于气象、国土等相关部门信息经处理后，按照统一的数据格式存入数据库中。

3. 信息服务

信息服务应具有信息查询、实时水雨情监视、气象国土等相关部门信息服务、水情预报服务等功能。信息服务软件的开发，可根据需要采用 B/S 和 C/S 两种结构相结合的信息传输通信网。

4. 预警信息发布模块

预警信息发布模块可根据不同的预警等级，及时向各类预警对象发布预警信息。

5. 监测预警平台软硬件配置

根据各县的实际情况，选用网络设备、数据库、应用系统软件等。

8.3.3 预警系统

预警系统建设是在监测信息采集及预报分析决策的基础上，通过确定的预警程序和方式，将预警信息及时、准确地传送到山洪灾害可能威胁区域，使接收预警区域人员根据山洪灾害防御预案，及时采取防范措施，最大限度地减少人员伤亡。

1. 系统组成

根据预警信息的不同获取渠道，分为从县级监测预警平台获取信息和群测群防获取信息两种途径。预警信息的发布主要由各级山洪灾害防御指挥部门或者群测群防监测点上的监测人员通过预警信息传输网络和其他方式完成。

2. 预警流程

（1）县级平台预警流程。

预警信息可通过监测预警平台制作、发布。县级防汛指挥部门通过监测预警平台向县、乡（镇）、村、组及有关部门和单位责任人发布预警信息，各乡（镇）、村、组和有关单位根据防御预案组织实施。

（2）乡村群测群防的预警流程。

群测群防预警信息的获取来自县、乡（镇）、村或监测点。由监测人员根据山洪灾害防御宣传培训掌握的经验、技术和监测设施的监测信息，发布预警信息。各乡（镇）除接收县防汛部门发布或下发的预警信息，还接收群测群防监测点、村和水库、山塘监测点的预警信息。村、组接受上级部门和群测群防监测点、水库、山塘监测点的预警信息。上游乡镇、村组的预警信息要及时向下游乡镇、村组传递。

3. 预警信息发布

（1）预警发布权限。

根据预警信息获取途径不同，预警发布权限归属不同的防汛负责人（或防汛部门）。县级预警信息由县级防汛负责人（或防汛部门）授权后统一发布。群测群防监测点预警信息，由监测人员和相关责任人自行发布。

（2）预警发布内容。

主要包括：洪水预报，雨量，溪河、水库、山塘水位监测信息，预警等级，准备转移通知、紧急转移命令等。

（3）预警信息发布对象。

预警信息发布对象为可能受山洪威胁的城镇、乡村、居民点、学校、工矿企业、旅游景点等。根据关联监测站、预警等级确定不同的发布对象。

（4）预警发布方式。

预警分为两个阶段：内部预警（对防汛人员和相关责任人）和外部预警（对社会公众）。

预警信息发布以平台短信发布为主，还可用 Internet 公网、语音电话、手机通话、手机短信、传真、有线电视、广播等多种手段。紧急情况下，根据当地预警设备配置情况和山洪灾害威胁情况，按照预案确定的报警信号，利用发送信号弹、鸣锣、启动报警器和无线预警广播、高音喇叭喊话等方式，向灾害可能威胁区域发送警报。

建立平台短信预警发布和电话（或传真）预警发布，在规定的条件下由山洪灾害预警系统软件发送山洪灾害预警信息。平台短信预警发布提供短信群发功能。能够在降雨达到一定量级时自动向水行政主管部门、防汛指挥部门领导和有关技术人员、责任人自动发送短信；能够在人工干预的条件下向各级主管领导、责任人、防汛相关人员发送山洪灾害预警短信。电话传真预警发布能自动向列表中的各个单位传送山洪灾害预警信息或调度指示文件等，克服人工拨号打电话或发传真时效性差、易出错的问题。

4. 预警通信设备

山洪灾害预警通信主要负责向受山洪灾害威胁的城镇、乡村、居民点等及时、准确地发布气象水文信息、山洪灾害警报和人员转移指令等，同时及时收集反馈信息。

由上至下逐级下传的预警信息最终要通知到受威胁的居民点和单位。作为山洪警报传输及信息反馈的渠道和通路，信息传输设备必须有效、实用，且应能满足突发通信的需求。

（1）预警通信设备选用原则。

各地可根据当地经济状况、现有通信资源条件以及各种通信方式的适用性，考虑山洪灾害预警信息传输的时效性和紧急程度，选用适宜的通信方式组建山洪灾害预警信息传输通信网。

为保障预警信息能及时发布到乡（镇）、村、组、户，有条件的县与乡（镇）可建立双信道的通信网络，以保证一种信道通信中断时预警信息也能够顺利传递。

（2）预警通信方案及设备配置要求。

预警信息的传输路径一般为：县级山洪灾害防御指挥部→乡（镇）→行政村→组→户。如遇紧急情况（强降雨、洪水陡涨、水库山塘溃坝等），可直接向受威胁的居民和单位（包括不同行政区划的下游村庄和单位）发布预警，同时报告县级山洪灾害防御指挥部和乡（镇）山洪灾害防御指挥机构。

在进行建设预警通信网时，应充分考虑县、乡（镇）、村、组各级的现有可利用通信资源和建站条件，做到因地制宜，切合实际，节约投资。

1）县与乡（镇）预警通信。

县级山洪灾害防御指挥部需将预警信息传送到乡（镇）、村，采用的手段及需要的通信方式主要包括：

a. 县级监测预警平台以短信和传真的形式自动向受山洪灾害威胁的乡（镇）、村发送预警信息。

b. 通过广播、电视发布预警信息。

c. 通过程控电话（PSTN）和移动电话向乡镇传送预警信息。

2）乡（镇）与村之间预警通信。

乡（镇）与村之间预警信息传输，主要包括：

a. 通过程控电话（PSTN）、移动电话、无线预警广播传送预警信息。

b. 所有通信遭山洪破坏而失效无法与外界联络时，乡（镇）、村可利用现有的交通工具和配备的无线预警广播，通知受山洪威胁的居民撤离和转移。

c. 对于人口居住较分散的村、组可使用无线预警广播和对讲机、高音喇叭、手摇警报器、锣、鼓、号、火把、信号弹和人力传递等传统报警传输方式发警报。

实训项目 8　水雨情自动监测系统

实训任务：掌握水文气象监测信息系统的使用与维护。

实训设备：网络版"广东水利电力职业技术学院水文气象监测信息系统"。

实训指导：

1. 认识系统

（1）系统功能结构。

水文气象监测信息系统包括电子地图、气象监测、水文监测、预警广播、系统管理五个功能模块，功能结构图如图 8-1 所示。

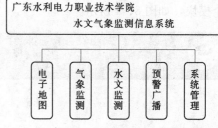

图 8-1　系统功能结构图

1）电子地图：具有地图操作基本功能，包括放大、缩小、漫游、全图等功能。能分类查询各类监测数据信息以及实时信息。

2）气象监测：提供气象监测信息风向、风力、温度、湿度等实时监视、图表查询、统计功能。

3）水文监测：提供校园雨量站点雨量、蒸发信息查询、统计功能，主要分为雨量蒸发信息监视、信息查询、信息统计等。同时可提供实验教学雨量设备数据的实时显示、统计。

4）预警广播：提供预警广播站信息编辑、信息发送、信息接收管理等功能。

5）系统管理：提供用户添加，用户信息编辑，用户组设定及权限设定等功能。

（2）系统登录。

打开浏览器，在浏览器的地址栏中输入网址 http：//210.21.85.241：9104/sxqx/login.aspx（外网地址，如果不是校园内网，则用该网址访问）或 http：//210.21.85.241：9105/sxqx/login.aspx（校园内网，如果是在内网中访问，则用该网址访问），就可以看到水文气象监测信息系统的登录页面，如图 8-2 所示。

图 8-2　系统登录页面截图

在用户登录栏中输入用户名和密码，点击"登录"按钮，即可进入系统。

（3）系统主页面。

主页面由上方菜单栏、左侧菜单栏，以及右侧显示窗口组成。上方菜单栏显示了系统中的五个模块，电子地图、气象监测、水文监测、预警广播以及系统管理。左侧菜单栏显示了上方菜单栏被选中模块的子模块，右侧窗体则用于显示该模块某项功能的操作界面，如图 8-3 所示。

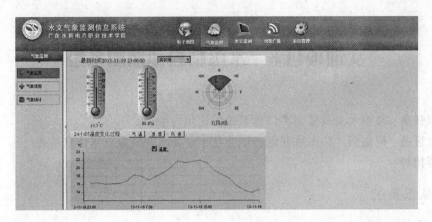

图 8-3 系统主页面截图

水文气象监测信息系统包括：电子地图、气象监测、水文监测、预警广播、系统管理
五个模块，如图 8-4 所示。

图 8-4 系统功能模块截图

2. 电子地图模块

电子地图上展示了各类监测站的位置，实时数据信息，同时地图提供了放大、缩小、
测距、测面积、漫游、全图等功能。电子地图默认页面如图 8-5 所示。

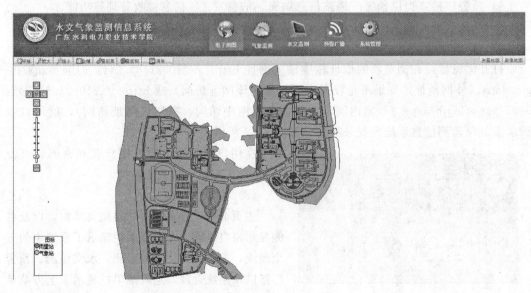

图 8-5 电子地图页面截图

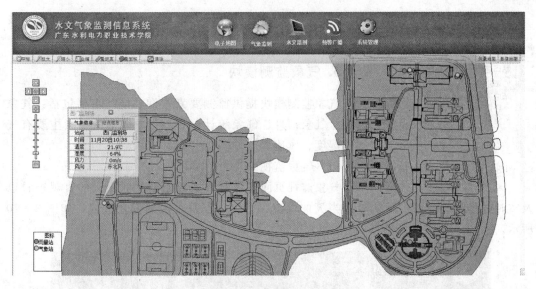

图 8-6　气象站数据信息页面截图

地图的左下角显示了地图的图例。绿色代表雨量站点，黄色代表气象站点。从地图上可以看出，雨量站以及气象站点的分布位置。滚动鼠标滚轮可以进行地图的放大缩小，以及拖动操作。在地图的测站点上点击，弹出窗口显示测站的基本信息，以及实时数据信息，如图 8-6 所示。

点击气象站点，弹出的窗口中默认显示了站点的实时气象信息，包括温度、湿度、风力和风向。切换到站点信息窗口，则显示出站点位置、站点类型以及经纬度信息，如图 8-7 所示。

图 8-7　气象站站点信息窗口截图

在雨量站点上点击，弹出的窗口默认显示了雨量站点的名称、测报时间，以及时段雨量、今日雨量和昨日雨量，如图 8-8 所示。

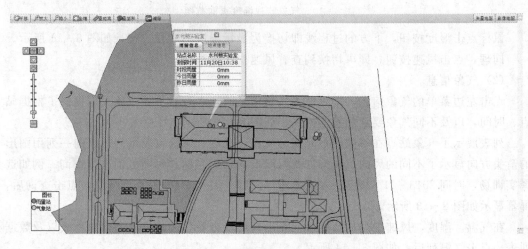

图 8-8　雨量站数据信息页面截图

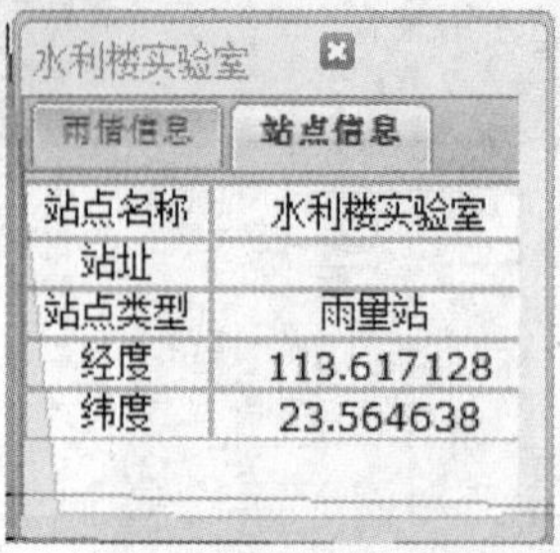

水利楼实验室	☒
雨情信息	站点信息
站点名称	水利楼实验室
站址	
站点类型	雨量站
经度	113.617128
纬度	23.564638

图 8-9　雨量站站点信息
窗口截图

同样，点击站点信息，可以切换查看站点的位置信息及经纬度信息，如图 8-9 所示。

3. 气象监测模块

气象监测模块提供监测要素查询功能。主要包括：气象监视、气象信息、气象统计分析。气象监测的要素主要有气温、湿度、风速。

（1）气象监视。

气象监视页面提供对气象要素的实时图表的直观查看以及实时过程线的查看。默认显示当天的温度、湿度，以及气温的变化过程，如图 8-10 所示。

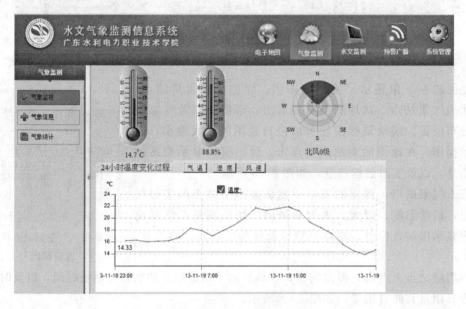

图 8-10　气象监视温度页面截图

鼠标点击湿度按钮，下方的过程线即切换为显示湿度的变化过程，如图 8-11 所示。同理，点击风速按钮，即可切换到查看风速变化过程线。

（2）气象信息。

点击左边菜单的气象信息，即可进入气象信息的列表查看页面。该页面提供了根据站点、时间，以及不同气象要素的查询方式，如图 8-12 所示。

列表展示了气象站点在不同测报时间的气温、湿度、风速以及风向，风向一列用图形的箭头方向显示了不同的风向。查询方式可以根据站点名称和时间范围进行查询。例如选择实训场，时间 2013-11-19-8：00 到 2013-11-20-8：00 的查询条件，点击查询后，屏幕显示如图 8-13 所示。

在气温、湿度、风速三列的超链接上点击，可以查看单一的气象要素过程线以及数据列表。点击气温列后，如图 8-14 所示。

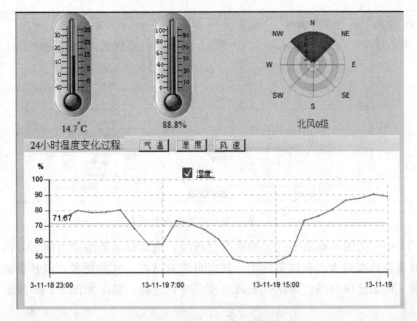

图 8-11 气象监视湿度页面截图

图 8-12 气象信息页面截图

图 8-13 查询站点气象信息页面截图

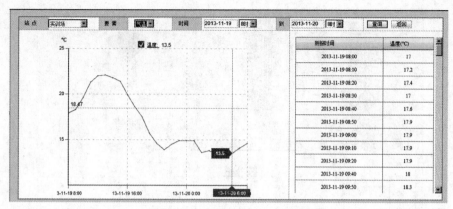

图 8-14 查询站点温度信息页面截图

图 8-14 中左边图形显示了气温的实时过程线，默认时间范围是当前 24h 内的变化过程。右边列表是数据列表。在该页面中，同时可以对站点、气象要素，以及查询时间段进行分开查询。例如选取西门监测站，查询湿度的变化过程，结果如图 8-15 所示。

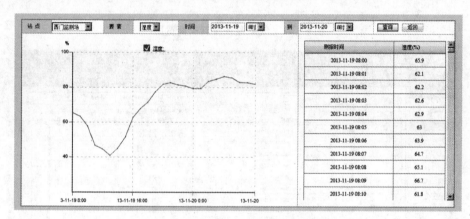

图 8-15 查询站点湿度信息页面截图

在该页面上点击返回按钮，可以返回气象信息页面。

（3）气象统计。

气象统计页面是针对各气象要素，按照站点名称，以及年、月、旬、日、时等时间段进行统计查询。默认显示了所有站点温度要素近两日的逐日统计，页面如图 8-16 所示。

站点名称	测报时间	最高温度(℃)	最低温度(℃)	平均温度(℃)
实训场	2013-11-20	15.4	13.2	14.02
实训场	2013-11-19	22.1	13.8	17.86
实验室气象站	2013-11-19	25.4	21.9	22.76
西门监测场	2013-11-20	15.6	13.3	14.33
西门监测场	2013-11-19	22.6	14.2	18.55

图 8-16 气象统计页面截图

在不同的单选按钮上点击，可以查询不同统计时段的要素统计。例如查询温度要素 2013 年 11 月的统计，结果如图 8-17 所示。

站名	全部站点 ▼	要素	温度 ▼	时间	2013-11 到 2013-11		查询
			○年 ●月 ○旬 ○日 ○时				
站点名称	测报时间	最高温度(℃)	最低温度(℃)	平均温度(℃)			
实训场	201311	31.5	13.2	21.55			
实验室气象站	201311	27.3	21.9	24.85			
西门监测场	201311	32.3	13.3	21.79			

图 8-17　按月温度信息统计页面截图

查询风速在 2013 年 11 月的统计，结果如图 8-18 所示。

站名	全部站点 ▼	要素	风速 ▼	时间	2013-11 到 2013-11		查询
			○年 ●月 ○旬 ○日 ○时				
站点名称	测报时间	最大风速(m/s)	最低风速(m/s)	平均风速(m/s)			
实训场	201311	6.3	0	0.71			
实验室气象站	201311	1.9	0	0.13			
西门监测场	201311	5.7	0	0.75			

图 8-18　按月风速信息统计页面截图

按旬统计温度的变化值，结果如图 8-19 所示。

站名	全部站点 ▼	要素	温度 ▼	时间	2013-11 上1▼ 到 2013-11 下1▼		查询
			○年 ○月 ●旬 ○日 ○时				
站点名称	测报时间	最高温度(℃)	最低温度(℃)	平均温度(℃)			
实训场	2013-11-上旬	31.5	16.9	23.67			
实训场	2013-11-中旬	27.9	13.2	19.37			
实验室气象站	2013-11-上旬	27.1	24.5	25.89			
实验室气象站	2013-11-中旬	27.3	21.9	24.58			
西门监测场	2013-11-上旬	32.3	17.7	23.90			
西门监测场	2013-11-中旬	28.6	13.3	20.31			

图 8-19　按旬温度信息统计页面截图

4. 水文监测模块

水文监测模块包括了雨量测站的监测，蒸发测站的监测，以及实验教学的内容。雨量测站的监测包括了雨量的实时统计，雨情信息的查询，雨量的逐月、逐旬统计，蒸发的实时统计，列表查询，以及实验列表的查看，实验历史记录的查看等。

（1）水文监视。

水文监视是对已安装测站的实时的雨量信息进行统计，包括了 1h 雨量、3h 雨量、6h 雨量、12h 雨量，以及当前雨量和昨日雨量，如图 8-20 所示。

（2）雨情信息。

页面分为三部分，上方是查询条件区。查询条件包括查询测站、起始时间、结束时间、日雨量、小时雨量、时段雨量。左下方是降雨量直方图的图形展示，右下方是数据列

图 8-20　水文监视页面截图

表显示。雨情信息默认展示了监测站当前时间以及一个月内的日降雨量直方图，如图 8-21 所示。

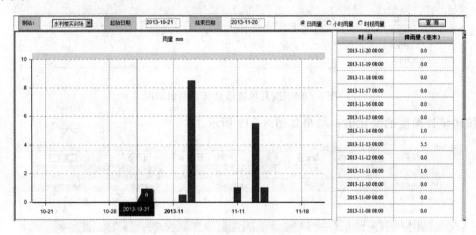

图 8-21　雨情信息页面截图

点击日雨量、小时雨量，以及时段雨量单选框，可以切换查询。点击小时雨量，如图 8-22 所示。

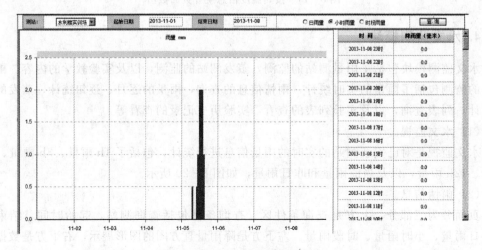

图 8-22　小时雨量页面截图

（3）雨情统计。

雨情统计可以按照月份或旬进行降雨量的统计，默认以月份统计。图 8-23 为各个监测站的月雨量。

序号	站名	站址	1月	2月	3月	4月	5月	6月	7月	8月	9月	10月	11月	12月
1	水利楼实训场		6.0	13.0	163.5	210.0	346.5	232.0	209.5	406.5	177.5	3.0	16.5	
2	西门监测场		6.0	13.0	165.0	215.0	347.5	220.0	229.0	425.0	166.5	4.5	18.0	
3	C3教工宿舍楼		6.5	4.0	156.5	211.5	345.5	222.0	233.0	429.0	164.0	4.0	18.0	
4	图书馆		6.0	4.5	160.0	213.0	321.5	217.5	186.5	376.0	158.0	4.5	17.5	
5	水利楼实验室		0.0		57.0	0.0					0.0	21.0	0.0	

图 8-23 雨情统计页面截图

切换到旬统计下拉框，页面如图 8-24 所示。

序号	站名	站址	年月	上旬（mm）	中旬（mm）	下旬（mm）
1	水利楼实训场		2013-10	3.0	0.0	0.0
2	水利楼实训场		2013-11	9.0	7.5	
3	西门监测场		2013-10	4.5	0.0	0.0
4	西门监测场		2013-11	10.5	7.5	
5	C3教工宿舍楼		2013-10	4.0	0.0	0.0
6	C3教工宿舍楼		2013-11	9.5	8.5	
7	图书馆		2013-10	4.5	0.0	0.0
8	图书馆		2013-11	9.5	8.0	
9	水利楼实验室		2013-10	21.0	0.0	0.0
10	水利楼实验室		2013-11	0.0		

图 8-24 旬雨量统计页面截图

可以在上方的查询条件中，选择起始的月份以及结束的月份。

（4）蒸发信息。

蒸发信息展示了蒸发站的日蒸发量以及小时蒸发量，默认显示了日蒸发量。蒸发信息页面左边是蒸发量直方图，右边是数据列表，如图 8-25 所示。

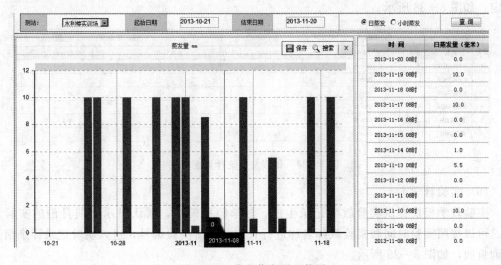

图 8-25 蒸发信息页面截图

点击小时蒸发，可以切换查看小时蒸发量，如图 8-26 所示。

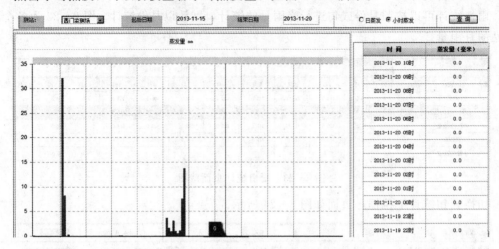

图 8-26　小时蒸发信息页面截图

（5）蒸发量统计。

蒸发量统计以月或旬为时段间隔，对测站的蒸发量进行统计，并以列表方式展示。默认显示了所有蒸发站当年所有月份内的蒸发量统计，同时可以设置查询条件中的年份，如图 8-27 所示。

站名：		年份：	2013			⊙月统计 ○旬统计				查询		
序号	站名	站址	1月	2月	3月	4月	5月	6月	7月	8月	9月	10月	11月	12月
1	水利馆实验室												
2	水利馆实训场		100.5	14.5	58.0	97.5	296.5	240.0	191.5	113.0		30.0	76.5	
3	西门监测场		80.4	42.9	45.4	6.2	9.4	21.8	94.0	78.5	12.5	84.1	854.4	

图 8-27　蒸发量统计页面截图

切换到旬统计，可以查看选定月份内的旬统计。同时可以对起始月份和结束月份进行设定，如图 8-28 所示。

站名：		起始	2013-10	结束	2013-11	○月统计 ⊙旬统计	查询
序号	站名	站址	年月	上旬(mm)	中旬(mm)	下旬(mm)
1	水利馆实验室		2013-10			
2	水利馆实验室		2013-11			
3	水利馆实训场		2013-10			30.0
4	水利馆实训场		2013-11	49.0	27.5	
5	西门监测场		2013-10	0.0	21.9	62.2
6	西门监测场		2013-11	43.2	811.2	

图 8-28　旬蒸发量统计页面截图

（6）实验教学。

实验教学模块提供实验教学记录生成、教学监视模块，默认显示当前月份的实验记录。可以按照实验时间和实验教师名称进行查询。点击实验编号，进入实验记录详细信息查询页面，如图 8-29 所示。

图 8 - 29 实验教学页面截图

点击新增实验按钮，可以新增一个教学实验。在新增实验页面中，需要填写的信息如下：实验名称、实验教师、实验员、开始时间、结束时间、实验班级、实验人数、实验记录以及详细的分组信息，默认分为 8 组，可以根据具体实验情况进行填写。填写完毕后进行保存，返回到实验列表页面，在实验列表页面，可以查看到新增加的实验记录。新增实验记录如图 8 - 30 所示。

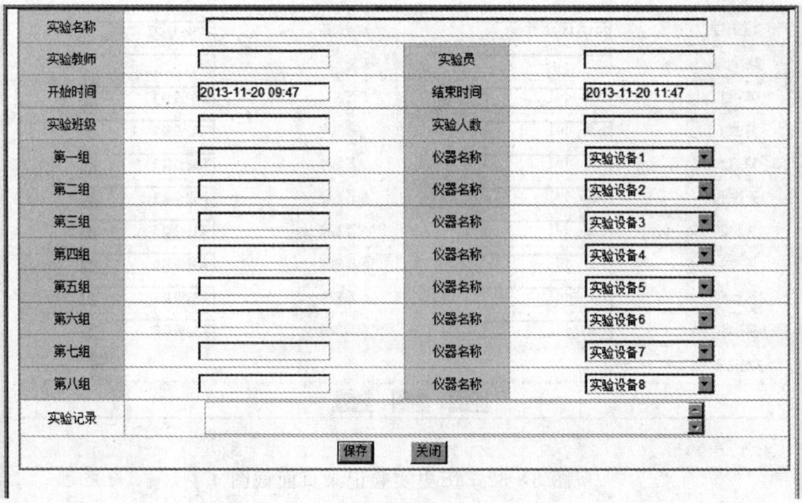

图 8 - 30 新增实验记录页面截图

在新建的实验记录名称上点击，则可以查看实验的具体过程，如图 8 - 31 所示。

页面以图形方式展示了实验的过程。默认显示了从实验开始时间前四组雨量仪器的实时实验雨量过程，横坐标为时间轴，时间范围为设定的实验开始时间到实验结束时间。随着时间的推移，页面自动刷新，更新实时雨量，以及更新降雨统计。点击"后四组"按钮，可以查看另外 4 组仪器的雨量实时变化直方图。

点击左侧菜单的实验列表，回到实验列表。点击历史的实验记录的详细按钮，则可以看到实验的记录信息，如图 8 - 32 所示。

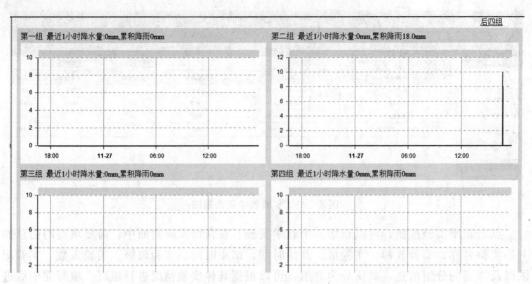

图 8-31 查看实验过程页面截图

实验名称	2012,11,27日实验		
实验教师	张**	实验员	王**
开始时间	2012-11-26 16:38	结束时间	2012-11-27 17:38
实验班级	12	实验人数	22
第一组	小王，小红	仪器名称	实验设备1
第二组	小王，小红	仪器名称	实验设备2
第三组	小王，小红	仪器名称	实验设备3
第四组	小王，小红	仪器名称	实验设备4
第五组	小王，小红	仪器名称	实验设备5
第六组	小王，小红	仪器名称	实验设备6
第七组	小王，小红	仪器名称	实验设备7
第八组	小王，小红	仪器名称	实验设备8
实验记录			

保存　删除　关闭

图 8-32 历史实验记录页面截图

在历史记录的实验名称一列点击，可以查看历史实验记录的降雨直方图信息和历史实验雨量的统计信息。

参 考 文 献

[1] 水利电力部.水文测验试行规范 [S]. 北京：水利电力出版社，1975.

[2] 水利电力部水利司.水文测验手册 [M]. 北京：水利电力出版社，1975.

[3] 水利电力部.GBJ 95—86 水文测验术语与符号标准 [S]. 北京：中国计划出版社，1987.

[4] 水利部长江水利委员会水文局主编.SL 247—1999 水文资料整编规范 [S]. 北京：中国水利水电出版社，2000.

[5] 水利部水利信息中心.SL 61—2003 水文自动测报系统规范 [S]. 北京：水利电力出版社，1994.

[6] 电力工业部成都勘测设计研究院 DL/T 5051—1966 水利水电工程水情自动测报系统设计规定 [S]. 北京：中国电力出版社，1996.

[7] 中央气象局.地面气象观测规范 [M]. 北京：气象出版社，1983.

[8] 重庆博物馆.水文、沙漠、火山考古 [M]. 北京：文献出版社，1977.

[9] 吴持恭.水力学 [M]. 第 2 版.北京：人民教育出版社，1983.

[10] 严义顺.水文测验学 [M]. 北京：水利电力出版社，1984.

[11] 世界气象组织（WMO）.水文实践指南（第一卷：资料收集和整理）[M]. 陈道弘，等译.北京：水利电力出版社，1987.

[12] 水利部水文司.水文调查指南 [M]. 北京：水利电力出版社，1991.

[13] 张永良，刘培哲.水环境容量综合手册 [M]. 北京：清华大学出版社，1991.

[14] D. K. Maidment. Handbook of Hydrology [M]. New York：McGraw - Hill，1992.

[15] 雒文生主编.河流水文学 [M]. 北京：水利电力出版社，1992.

[16] 李世镇，林传真.水文测验学 [M]. 北京：水利电力出版社，1993.

[17] Mays. Water Resources Handbook [M]. New York：McGraw - Hill，1996.

[18] 詹道江，谢悦波，杨玉荣.中国的古洪水研究 [M] // 朱光亚，周光召主编.中国科学技术文库（天文学、地球科学卷）. 北京：科学技术文献出版社，1998.

[19] 叶守泽，詹道江.工程水文学 [M]. 北京：中国水利水电出版社，2000.

[20] 张霭琛.现代气象观测 [M]. 北京：北京大学出版社，2000.

[21] 孙增义，吴跃，田秋生，胡婉明.水情自动测报技术基础及其应用 [M]. 北京：中国水利水电出版社，1999.

[22] 郭生练.水库调度综合自动化系统 [M]. 武汉：武汉水利电力大学出版社，2000.

[23] 傅肃性.遥感专题分析与地学图谱 [M]. 北京：科学出版社，2002.

[24] 梅安新，彭望琭，秦其明，刘慧平.遥感导论 [M]. 北京：高等教育出版社，2001.

[25] 魏文秋，赵英林.水文气象与遥感 [M]. 武汉：湖北科学技术出版社，2000.

[26] 魏文秋.水文遥感 [M]. 北京：水利电力出版社，1995.

[27] 承继成，林珲，周成虎，曾杉.数字地球导论 [M]. 北京：科学出版社，2000.

[28] 汤国安，赵牡丹.地理信息系统 [M]. 北京：科学出版社，2000.

[29] 陈述彭，鲁学军，周成虎.地理信息系统导论 [M]. 北京：科学出版社，1999.

[30] 徐绍铨，张华海，杨志强，王泽民.GPS测量原理及方法 [M]. 武汉：武汉测绘科技大学出版社，1998.

[31] 刘基余，李征航，王跃虎，桑吉章.全球定位系统原理及其应用 [M]. 北京：测绘出版社，1993.

［32］ 曹志刚，钱亚生．现代通信原理［M］．北京：清华大学出版社，1992．

［33］ （美）Ray Horak．通信系统与网络［M］．第 2 版．徐勇，赵岩，林梓译．北京：电子工业出版社，2001．

［34］ 傅海阳，杨龙祥，李文龙．现代电信传输［M］．北京：人民邮电出版社，2001．

［35］ 史九林．数据库概论［M］．西安：西安电子科技大学出版社，1998．

［36］ 汪同庆，李俊娥，张曙光．计算机文化基础［M］．北京：中国电力出版社，1999．

［37］ 魏文秋，张继群．遥感与地理信息系统在自然灾害研究中的应用［J］．灾害学，1995（3）．

［38］ 魏文秋，于建营．地理信息系统在水文和水资源管理中的应用［J］．水科学进展，1997（3）．

［39］ 张静怡，陆桂华，蔡建元，林柞顶．全国水文站网管理信息系统研究［J］．水文，1999（6）．

［40］ 唐燕，周维续，王恺宁．全国实时水情查询系统的设计与开发［J］．水文，1998（增刊）．

［41］ 莫渭浓，张建云．全国防汛指挥系统概述［J］．水文，1998（增刊）．